WORKING
OUT
LOUD

A 12-Week Method to Build New Connections, a Better Career, and a More Fulfilling Life

John Stepper

大聲工作法

最新透明工作術，
開放個人經驗，
創造共享連結的12週行動指南

約翰．史德普——著
洪慧芳——譯

目錄

PART 2

五個WOL的要素

PART 3

你專屬的ＷＯＬ引導式精熟法

■ 連結

■ 創造

■ 領導

【前言】職涯不再只是工作而已

有一個實驗把五隻猴子關進一個超大的籠子裡，籠內有一個梯子，梯子上方懸掛著一串香蕉。猴子立刻發現了香蕉，其中一隻爬向香蕉。研究人員見狀，馬上以冷水柱噴牠，接著也噴了其他的猴子。

梯上的猴子連忙下來。五隻猴子在地板上坐了一會兒，渾身又濕又冷，不知所措。但不久，香蕉的誘惑太大了，另一隻猴子又去爬梯子。研究人員再次以冷水柱噴那隻雄心勃勃的猴子，以及另外四隻猴子。第三隻猴子試圖爬上梯子時，其他的猴子為了避免再被噴冷水，把牠拉下梯子，痛扁一頓。

現在，研究人員抓走一隻猴子，把一隻新的猴子放入籠內。那隻新來的猴子看到香蕉，天真地跑去爬梯子。其他的猴子見狀，把牠拉了下來，痛扁一頓。

接下來，實驗開始有趣了。研究人員從籠裡抓走第二隻猴子，換上一隻新猴子。新來的猴子一看到香蕉，也是開始爬梯子。其他的猴子馬上把牠拉下來，痛扁一頓——**連那隻沒被噴過冷水的**

猴子也加入扁牠的陣營。實驗結束時，原來那群猴子全都離開了，籠裡的猴子從未被噴過冷水，但牠們都學會不要去拿香蕉了[1]。

這個故事的靈感來自一九六〇年代一項有關「行為的文化習得」研究，如今變成大家分享的商業警世寓言。這個故事之所以流傳開來，是因為它抓住了許多人都有同感的事實。在我任職的每家公司裡，也一再看到同樣的情況。當然，不是每個工作場所都是牢籠，也不是每個老闆都是邪惡的科學家，但很多人都被噴過冷水，因而失去雄心壯志與抱負，結果導致各方皆輸。

我之所以寫這本書，是因為我找到一種阻止這種惡性循環的方法。無論你身處在任何環境，這種方法都可以幫你開創更好的職涯與生活。從多年前開發出「WOL」（Work Out Loud，簡稱WOL，直譯：秀出工作力）以來，這種方法已發展成一種日益壯大的運動，吸引了一群人參與，他們都希望職涯「不只是工作」而已。

喜歡WOL的人，也希望別人能夠體驗WOL的妙用。他們主動籌辦聚會與WOL會議（簡稱WOLCONS），在公司裡傳播WOL。他們已經把這種方法翻譯成十幾種語言。拜他們的努力所賜，這本書描述的方法已有六十幾國的人士採用。

他們來自不同的工作環境與文化，包括大企業的員工、自由工作者、工廠工人、護士、學生等等。他們有什麼共通點呢？上海某位女士一語道盡了一切：「我們之所以採用WOL，不只是因為熱愛WOL，也因為我們渴望體驗工作可達到的美好境界。[2]」

工作可以變得更好。那是你應得的，這個世界也需要它，WOL可以幫你實踐那個目標。

約翰・史德普

二〇二〇年一月，紐約市

【導讀】取得人生掌握權

「約翰，我們不得不做出改變。」

我一進老闆的辦公室，就知道不對勁。週一一大早，老闆就為我安排了一對一的特別會議。我一坐下來，他脫口說出的第一件事就是，我的工作領域重組了。「如果你能在接下來的六十天內找到新的角色……」他不需要把話講完，我已經目瞪口呆，感覺血液湧上了臉頰。在那場簡短的會議中，剩下的時間，我滿腦子都在想：「為什麼？萬一我在公司找不到新角色怎麼辦？」「我怎麼跟太太說呢？」我帶著羞辱、憤怒、恐懼離開了他的辦公室。

走在回家的路上，我意識到自己的地位有多麼脆弱，自主力微乎其微。我四十幾歲了，幾乎沒有什麼有意義的人脈可以運用，信心跌到了谷底。我知道就業市場很糟，另謀出路的前景令我焦慮又沮喪。最終，我在部門的其他地方找到了另一個任務，一個責任更少、地位更低、薪水更少的任務。

在與老闆開會之前，我一直很幸運。參與的專案很好，有強大的支持者，可謂天時地利人和，但好運終究還是用盡了。一直以來，我都在玩職涯的輪盤賭，卻渾然不知。環顧四周，我發現幾乎每個人都在玩職涯輪盤賭。每一次換新的老闆或組織重組，就像輪盤轉動一樣。這種缺乏自主力的感覺，使得精明能幹的人開始感到畏懼，充滿戒心，與同事之間較勁的意味濃厚，不太友善。

我想，一定還有更好的辦法，於是我開始尋找。

一小步

剛開始，我只是想找到自己的聲音，想知道我能貢獻什麼以及該如何貢獻。在轉換角色之際，尋找某種宣洩的出口。我開始使用公司內部一種低技術的部落格平台，寫下我正在做的工作、正在學習的東西，以及對未來專案的想法。一篇貼文吸引了上千則留言，另一篇貼文引來一位我不認識的高階管理者主動聯繫我，跟我交換意見。久而久之，其他領域的同事開始向我徵詢意見，有時還會建議我們合作的方式。

這些轉變，讓我頓時豁然開朗。我意識到，當我讓別人看見我在做什麼時，我不僅塑造了自己的價值，也接觸到我原本不曉得存在的機會。

一種強大的人脈

我依然知道自己缺乏有意義的人脈，於是，我報名了一門課程：人脈大師學院。這門課是由啟斯・法拉利（Keith Ferrazzi）傳授的，他是《別自個兒用餐》（Never Eat Alone）和《誰在背後挺你》（Who's Got Your Back）的作者。在課程中，我們組成同儕互助小組，以練習課堂上學到的東西。我和一群事業有成的銀行從業人員同一組，這讓我感到有些害怕。在第一次小組討論中，老師要求我們分享自己的私密資訊。法拉利叫我們避免閒聊，而是分享很少人知道、會暴露出個人弱點的事情，那些讓我們變得人性化、讓別人關心我們的事情。一位組員談到他身為貧困移民的成長經歷，以及他與父親之間難解的關係；另一位組員談到離婚的經歷。分享這些隱私，讓那些原本令人望而生畏的銀行從業人員，變成我可以理解及關心的對象。課程結束後，有很長一段時間，我們依然相約見面。

這不太尋常。在職場上，我們往往覺得自己應該躲在冷酷的專業面具後面，我以前也是受到這樣的訓練。結果，我們都失去了人情味，每個人彷彿都一樣，毫無特色，人與人之間的聯繫大大減少了。在法拉利的課程中，我學到不僅在職場上可以表現得更真誠，那樣做也可以改善人際關係，促進合作。

有意義的實驗

提升工作能見度及拓展人脈，讓我感覺自己有更多的自主力，也激勵我去嘗試新的東西。我開始公開分享更多的工作內容，利用夜晚及週末書寫。我主動申請在會議上發言，藉此培養個人聲譽與人脈。我也想辦法與公司內外的人合作。

由於我把工作內容公開讓大家看到，所獲得的支持也變得顯而易見，最後那些成果說服老闆為我創造了一個新角色，那個角色主要是幫員工改善溝通及合作方式。我們那個團隊為公司引進了一個新的協作平台，使它變成金融服務業中最大的內部社群網路之一。

我的心態也變了。我不再把焦點放在取悅老闆及鞏固組織地位上，而是開始把工作視為一種可以進行實驗及學習的實驗室，我可以在那裡做更有影響力的工作，同時精進技能。這是我有生以來第一次覺得工作相當充實。

挫折與前進之路

與老闆開了那場震撼會議八年後，另一位管理者告訴我，我的工作被「重組」了，這是遭到解雇的委婉說法。我任職的那家銀行在很多方面都陷入了困境，有人認為公司不再需要我了。在那家公司工作十九年後，離職的過程卻出奇地簡短。我和人力資源部的人員在一間辦公室裡談幾分鐘就結束了。我的上司是透過電話的擴音功能參與那場會議，沒有親自到場。

不過，這次，我的反應不同了，因為我一直在落實WOL。

我逐漸與世界各地認識我及我的工作、也對我的職務感興趣的人培養人脈。這些人脈讓我有一種連結感與使命感，也幫我接觸到知識與機會。就在我拿到資遣通知的前一個月，我受邀去TEDX演講，內容是談WOL[1]。我離職幾週後，前往德國斯圖加特的博世公司（Bosch），向全球的觀眾做了一場演講，那也是我個人創業的第一筆收入。隨後，我又到戴姆勒（Daimler）、西門子（Siemens）、BMW等企業演講。WOL的要素（我將在第二部分說明）帶給我更多的機會。或許這是我有生以來第一次覺得，我不是在玩職涯輪盤賭。

實踐要素

我還在一家大公司工作時，WOL的要素為我提供了更好的工作方法。我想知道，自己可以如何幫其他人運用這種方法。我做了更多的實驗，犯了許多錯誤，後來逐漸把學到的東西濃縮成一套任何人都可以付諸實踐的方法：WOL圈（Working Out Loud Circles）。

WOL圈是一個四、五人組成的祕密同儕互助小組。這個小組在十二週內，每週聚會一個小時，依循簡單的指南，朝著每個成員一開始選定的個人目標邁進，並建立與目標相關的人脈。十二週後，每個人的人脈都擴大了，溝通技巧都精進了，變得更有自信。本書的第三部分提供了故事、案例與練習，可以幫你自己練習WOL。如果你決定加入WOL圈，你需要的一切資訊都可以在workingoutloud.com上找到。

你可以用WOL圈來完成具體的事情，學習一個主題，或探索可以為你的工作與生活帶來更大的目的。你可以運用WOL圈來找工作，或想辦法為現有的工作增添樂趣。

你也可以運用WOL圈來改變企業文化。目前在數百個組織裡，已經有許多WOL的基層運動，有些運動的規模達到數千人之譜。對這些公司來說，WOL彌補了人力資源與文化變革方案的不足，因為它可以激發員工改變行為的內在動力。對員工與公司來說，這是為工作重新挹注人性的方法。

我請WOL圈的參與者以一個詞來形容十二週以後的感覺，最常聽到的回應是「取得人生掌握權」。想像一下，你覺得自己更有能力掌握人生，更有自信了。想像一下，你可以培養有意義的人脈，提升成效，獲得更多的機會。你會怎麼做？你會去哪裡呢？

讓我們一起找出答案吧！

Part 1

為了
更好的
職涯與生活

1 四個故事

機運眷顧那些懂得相互切磋的人。

史蒂文．強森（Steven Johnson）
《創意從何而來》（Where Good Ideas Come From）

本章的四位主角來自不同的背景，他們的學經歷與社交技能各不相同，也處於人生與職涯的不同階段，其中三人加入WOL圈。他們的共通點是，在職場與生活中採用一種讓他們做起事來更有成效的方法，因此接觸到更廣泛的機會，更容易在投入的事情中找到意義與成就感。

莎賓：寫下人生的下一篇章

在西門子（Siemens）的人力資源部工作二十幾年後，莎賓已做好改變的準備。大致上，她喜歡西門子的工作，包括那裡的人事與專案，她只是覺得自己還能發揮更多的潛力。她在「學習與發展小組」負責以創意的手法培訓員工，但她也對領導力、企業文化、數位化的影響有很多想法。可惜的是，那些想法與她在組織階級中的角色不太適配。她可以清楚感覺到，萬一她在工作上偏離分際太遠，可能會陷入麻煩。

看來，轉換跑道的時間到了，但是要做什麼呢？這時莎賓已屆坐四望五的年紀，若是去別的地方找工作，以其年齡與經歷來看，幾乎一定只能找到類似的職位。她有其他的興趣可以嘗試，但沒有一項興趣看起來適合作為職涯的下一步。

所以莎賓決定留在原地，開始做一些小實驗。西門子在柏林開設了一個新創事業育成計畫，她主動去接觸那個計畫內的新創事業，以了解他們在做什麼及怎麼做。那些經驗激勵她在本業以外嘗試自己創立小事業：修復北歐家具。她只是想看一下，萬一少了現在的穩定工作，能否維持生計（答案是不能）。她尋找人力資源方面的工具與趨勢，其中一個是新的個人發展方法。她試了一下，覺得很喜歡，並開始向同事推廣那個方法。這些實驗幫她培養了新的技能與態度，也幫她提振了信心。後來她變成大家眼中的「人資偵察家」（HR Scout），擅長探索新領域，並與同仁分享學習心得，而且這樣做完全不需要徵求許可，也不需要預算。

此外，她也開始寫作了。起初是在公司內部的社群網路上書寫，公司裡的任何人都可以在那裡發文或留言。後來，她開始在LinkedIn上書寫。久而久之，她開始寫她關心的所有議題，並分享自己的見解。那些文章幫她在公司內外培養了人脈。公開書寫讓她有機會接觸到更多的想法與學習機會，也幫她壯大了膽子。以前她參加會議時，只在底下默默聆聽，現在她開始在一些會議上演講。她說：「我發現我有一些才能是雇主沒有善加利用的，但是對其他人有幫助。那是很棒的經驗，是你到了四、五十歲，沒料到自己還可以擁有的經驗。」

莎賓與德國各地的企業人士培養了私人關係，那些人因為她的想法與作為而認識及欣賞她，並不是因為她在哪裡任職。隨著人脈逐漸擴展，莎賓的選擇範圍也擴大了。例如，她與七家公司合作一個專案，那個專案與她在西門子導入的個人發展專案有關。他們一起合作的方式非常特別，還因此獲得了「HR卓越獎」的員工敬業與協作獎。那也是該獎項首度頒給一群公司。

從實驗與人際關係中獲得的經驗，幫莎賓確定了下一步。她加入了先生創立的獨立顧問公司。如今，她在歐洲各地為企業與會議做專題演講、主持研討會，以探討員工發展、領導力、人力資源的新角色、工作的未來等議題。她與以前的同事一起獲得「XING新工作獎」（XING New Work Award）的肯定；在LinkedIn上獲選為「最響亮聲音」（Top Voice）；在德國首屈一指的人力資源雜誌上，名列二十五大最具影響力的人力資源專家；跟西門子的人力資源長（她前任老闆的老闆的老闆的老闆[1]）一起獲選為「四十大人力資源精英」之一。

莎賓不再被定義或侷限在以前的角色裡（「西門子人力資源部的莎賓」），也不再侷限於走了很久的老路子。現在，她找到了自己的聲音，發現了自己的道路，塑造了自己的未來，因此接觸到幾年前意想不到的許多機會。她告訴我：「我逐步拿回了生活的自主權。」

安雅：獲得更多機會

安雅在一個風景如畫、人口不到一萬五千人的小鎮成長。從當地的高中畢業後，她去離家約十五分鐘車程的儲蓄銀行申請實習工作，並順利獲得錄取。

四年後，她知道自己想從工作上獲得更多，但她也覺得欠缺大學學歷很難辦到。於是，她去一所大學的夜間部就讀。白天上班，晚上上課與自修，如此過了幾年。與此同時，她也意識到一直待在本地銀行是不夠的。所以，她到附近城市的一家大公司上班，在採購部門找到基層職員的工作。

她終於從大學畢業時，即使為公司加班了無數夜晚與週末，公司只給她一個祕書的職位，令她大失所望。她說：「我費了大把勁才拿到學位，卻只能坐在那裡，把收據黏在老闆的請款單上，這使我一天比一天沮喪。」接著，她停頓了一下，慢慢地重複了最後那句話，彷彿再次體會那種苦悶感似的：「一．天．比．一．天．沮．喪。」

她不是覺得當祕書有失身分，也不是覺得祕書一定是很糟的工作。她只是覺得自己大材小用，可以做的事情更多。「我想做可以激發熱情、發揮才能、同時對公司有貢獻的工作。」儘管這家公司裡似乎有許多更有意義或更充實的工作，但安雅不知道如何證明自己能夠勝任那些工作，也不知道怎麼獲得更多的經驗。雖然安雅才二十歲出頭，但她開始覺得自己好像停滯不前，卡住了。

祕書通常是一種幕後工作，除了老闆以外，很少人知道你在做什麼、做得如何，以及你還有什麼能力。但是安雅找到一種讓自己及工作引人注目的方法。她看到公司正在推廣內部協作工具，而且「數位轉型」是公司策略的一部分。因此，她開設了一個部落格，取名為「祕書的數位化指南」。

她開始寫她用來提升效率與效用的工具與技巧。重點不是炫技，而是真正實用的東西。一些人看了她最初發表的幾篇文章。接著，有更多人也來看了。後來，開始有人留言謝謝她的分享，並表示想進一步了解她的作法，以及她處理工作的方式。漸漸地，她的文章吸引了上千人點閱，還有不認識的同事把文章分享出去。她的人脈圈開始擴大，她說：「大家開始覺得我是專家。」其中一個注意到安雅才華的人是她的老闆，老闆因此賦予她一個不同的角色。

安雅從採購部的助理，變成了兩個線上小組的社群經理。她在那裡的職銜是「敏捷教練」，負責培訓、指導個人、主持研討會。現在，她定期擔任團隊、部門、領導者的指導老師，並積極推動整個部門的數位協作與人際互動。最近，她籌劃了一次大型的跨公司會議，並與公司的兩位董事同台交流。

她說：「這一路走來並不容易，但很值得。現在我可以在新的工作中展現才華，發揮熱情。」安雅不再覺得自己停滯不前或受到忽視。她找到了發揮更多潛力的方法，宛若新生。

瑪拉：創造出一種新工作

瑪拉擁有廣泛多元的技能及多語能力，並在克羅埃西亞、紐西蘭等許多地方生活多年，但她形容自己卡在「最糟的工作」中：在一家大公司設計Lotus Notes資料庫。那份工作既乏味又孤單，似乎很少人知道或在乎她做的事情。不過，她不想再換公司了，她只想換一個更好的角色。

她邁向改變的第一步，是開始使用公司的協作工具。她喜歡線上互動，而且在上面可以找到志同道合的同事。當她像莎賓與安雅那樣，使用那些工具參與線上社群時，開始對改善社群產生了興趣，並開始做研究及請教專家。當她更了解如何打造成功的線上社群時，她與大家分享心得，讓大家也可以打造自己的線上小組。久而久之，她因此樹立了社群與協作專家的聲譽，最終成了一個協作團隊的全職負責人。雖然她仍在同一家公司上班，但她從最糟的工作轉移到真正喜歡的工作。她指出，尋找新職位的過程，與她以往的經歷截然不同：「一般作法是去應徵職缺，想辦法讓其他的部門錄取你，但我是自己創造出一個工作。而且，隨著我對這份工作的了解愈多，工作本身也不斷地演變。這與一般作法完全相反，就好像你可以自訂工作內容一樣。你成了那個工作的代名詞，以前我根本不知道可以那樣做。」

隨著瑪拉在工作上建立社群，邊做邊學，她發現自己有更多的東西可以分享。她開始公開發表看法，但她花了一段時間才克服心理障礙。「我不覺得自己是專家，我憑什麼大放厥詞呢？但我與更多人交談後發現，我知道的其實比我想的還多。」後來她也去巴黎、雪梨、柏林的重要會議上演講，去倫敦帝國學院（Imperial College London）及公司內部的無數活動上演講。各層級的人都認為她是專家。本書稍後會提到，當她持續以一種開放、大方、互動的方式工作時，如何結識許多執行長及一位前首相。她的學習、分享與人脈交流，為她的職涯帶來更多前所未有的機會。她可以留在原公司，可以跟不同的企業合作以拓展專業，也可以利用人脈去接觸不同產業、不同組織內的不同角色。

霍迪・穆尼奧斯：搖身變成執行長

我做研究時，發現了霍迪・穆尼奧斯（Jordi Muñoz）的精彩故事。他生在墨西哥沿海城市恩森那達（Ensenada），亦即聖地牙哥以南約七十五英里的地方。他只會講一點英語，沒上過大學。

十八、九歲的時候，他已移民美國，但仍在等候綠卡，這時他突然發現自己快當爸爸了。

你覺得他找到滿意工作的機會有多高？

他跟多數人一樣，從童年的夢想開始著手。他試著把那些夢想與他知道的工作連結起來。後來他接受《ABC新聞》採訪時表示[2]：「我從四歲起，就對飛機非常著迷，所以我一直夢想成為飛行員或飛機的機師。」隨著年齡增長，他開始把玩電腦與遙控飛機當成嗜好。十九歲時，他加入一個線上社群，那個社群是讓同好分享資訊、相互學習的地方。他在那裡分享他設計的東西，讓作品有機會曝光。他在克里斯·安德森（Chris Anderson）所寫的《自造者時代》（Makers）中提到[3]：「我為遙控直升機設計了一個自動駕駛儀，內建的加速器是從任天堂Wii的雙節棍中取出來的。」他在網路發文中為自己的彆腳英語致歉，但其他的同好更在乎的是他的設計。

安德森是暢銷作家、演說家，也是《連線》雜誌（Wired）的前總編輯，那個線上社群就是他創立的。他對無人機很感興趣，決定創立DIYdrones.com，好讓他與同好有一個地方分享設計及相互學習。在《自造者時代》中，安德森提到他如何從霍迪分享的設計作品，首次注意到霍迪這個人。接著，他開始與霍迪通信，最終他們合作了幾個專案。後來，安德森決定創立一家機器人公司時，找霍迪來當共同創辦人，這時安德森才知道霍迪的背景。

如果霍迪直接去申請一家機器人公司的執行長職位，那應該很荒謬可笑。他沒有大學學歷，無法證明他懂什麼。他的簡歷也無法吸引人才招募者，或在LinkedIn上引發關注。他的求職信不可能送到安德森那種人的手中，即使送到了，也無法從眾多的求職者中脫穎而出。但霍迪可以靠自己的發明、對發明的熱情，以及其他人在他的作品中所看到的價值來培養名聲。霍迪對網路社群的貢獻，幫他與作品提高了能見度，讓他逐漸培養出許多人脈，為他敞開了機會大門。

四種人，一種方法

這四個人，以及你將在本書中看到的數十人，都開發出一種方法，讓他們獲得更多的自主力與選擇。莎賓、安雅、瑪拉都使用WOL圈來學習新技能，建立人脈，獲得新機會。霍迪沒有參與WOL圈，他甚至不知道什麼是「WOL」，就開始掌控自己的職業生涯了。本書後續章節的目的，就是要教你如何學習這種方法（不管有沒有用WOL圈）。這樣一來，你就有能力以適合自己的方式改善職涯與生活。

2

改善機運

幸運不是偶然，需要辛苦耕耘。
幸運女神難能可貴的微笑，是努力掙來的。

愛蜜麗・狄更森（Emily Dickinson）

兒時有一件事情令我非常尷尬。每次我媽剛認識一個人，總愛猜他的星座：「你是雙子座，對不對？」她非常相信命運。她認為，有些人先天就是幸運兒，有些人不是。

我一直覺得這很不公平。當然，有些人先天就享有較多的優勢。但是，生在紐約市布朗克斯（Bronx）的貧困家庭，我迫切地想要相信，至少對自己的人生要怎麼走有一些自主權，我想要相信我可以獲得幸運女神的眷顧。

但是，我到底需要做什麼呢？

我們如何看待工作

一九七〇年代初期，斯特茲·特克（Studs Terkel）想了解我們與工作的關係。他走遍美國，採訪了各行各業的從業人員共一百多人，從掘墓工到電視台的高管都在其中。後來他把訪問結果整理成書出版：《工作與我》（Working: People Talk About What They Do All Day and How They Feel About What They Do）[1]。那本書幾乎都是由受訪者的訪談內容所組成的，他們對工作的看法格外地動人深刻：

「我想，多數人是在找志業，而不是工作。多數人的工作對他們的抱負來說太小了，不夠宏大。」

「那是你在各行各業都會遇到的，大家從來不談個人感受。公司讓你知道，人是無關緊要的。」

「這裡簡直就像生產線一樣，我們適應了機器。過去三、四年很可怕，電腦來了……我沒有自由意志，只是那台蠢電腦的一部分。」

「許多人感覺自己的人生卡住了，覺得自己好像別無選擇，不知如何是好。」

「我不知道我想做什麼，那是最困擾我的問題，所以我無法辭職不幹。我真的不知道自己有什麼才能，也不知道去哪裡找答案。」

當然，那本書出版以來，世界已經改變了很多。全球人口幾乎翻了一倍，網路及許多看似科幻小說的科技出現了。然而，在工作上，我們似乎仍在尋找同樣的東西。特克做完上述訪問四十多年後，鮑勃・查普曼（Bob Chapman）與新一代的工作者交談。查普曼是貝瑞威米勒（Barry-Wehmiller）的執行長，那家工具機的製造商已創立一百三十年，做的是多數人從未想過的東西。例如，把洗髮精裝入瓶內的機器，或製造牙膏軟管的機器（這聽起來可能沒什麼特別，但貝瑞威米勒的財務績效媲美巴菲特）。在《每個員工都重要》（Everybody Matters）中[2]，查普曼寫道，他「很想創造一種文化，讓所有的團隊成員都能發揮天賦、分享天賦，每天充實地下班回家。」然而，他也清楚看到，旗下一萬一千名員工每天的經驗大多不是如此。為了了解什麼需要改變，他會問員工對工作的感覺如何。他把員工對他透露的想法寫進了書中：

你每天早上出現在同一地方，打卡、上工。上級告訴你該做什麼，你沒有拿到做那些事情的工具。你做對了十件事，沒人說半句話。你做錯了一件事，就挨罵。你知道在這種地方工作是什麼感覺嗎？你感到空虛。這基本上就是每天發生的事。

我們有四名主管，他們整天在工作區內巡視，以確保每個人都在工作。我們彼此之間幾乎沒什麼資訊交流，因為他們覺得我們不需要知道太多……我們把自己的問題怪罪到彼此的頭上，這裡是傳統製造業：你每天來上班，不問任何問題，也不掀起任何波瀾，只要確保你把工作完成就好。

你知道上班必須戴著面具是什麼感覺嗎？

儘管特克出版《工作與我》以來，社會已有許多進步，但許多議題依然沒變：我們希望自己被看到，獲得尊重；希望發揮所長，學習新知；希望在工作中看到某種意義。即使我們說「這就只是工作」，但我們還想要得到更多。特克最後總結[3]：

工作是為了尋找日常意義，也是為了生計；是為了獲得認可，也是為了金錢；是為了驚喜，而不是麻木……是為了過某種生活，而不是為了一種從週一到週五的慢慢消亡。

為什麼沒有好轉呢？

蓋洛普（Gallup）發布的員工敬業度報告常引用證據顯示，多數人是在體驗「從週一到週五的慢慢消亡」。一九九〇年代以來，蓋洛普對兩千五百多萬名各行各業的的美國勞工做了調查。他們發布的《美國職場現況》聲稱：「七〇％的勞力已經對職場死心。」更糟的是，有些人還會「表現出不快樂，傷害他人」。

東尼．史瓦茲（Tony Schwartz）與克莉絲汀．波拉斯（Christine Porath）在《紐約時報》上發表一篇文章，文中提到一項類似的研究也有類似的結果[4]。他們與《哈佛商業評論》合作，對一萬兩千位白領為主的勞工進行調查，結果發現多數人覺得工作沒什麼意義，沒有機會學習與成長，也沒有機會發揮一己之長，或是無法與公司的使命產生共鳴。研究人員給現代職場貼上了「白領鹽礦」的標籤。一位心灰意冷的讀者留言：「我看了大家的留言後，心情更糟了，因為感覺好像到處都一樣。」

為什麼情況沒有好轉呢？部分原因在於，我們的工作方式在過去數百年間沒有太大的變化。在《勇敢新工作》（Brave New Work）中，亞倫．迪格南（Aaron Dignan）如此描述[5]：

> 如果我向你展示一九一〇年的房子、汽車、洋裝或電話，並問你那是現代的東西、還是古董？你就明白我的意思了。因為幾乎一切都變了，就只有管理沒變。不知怎的，在一段不斷創新的時期……身為人類，我們一起解決問題與創造未來的方式一直非常穩定。

尤其是大公司，工作變得愈來愈沒有人情味，只在乎流程與系統，而不是人。誠如瑪蒂．葛蘭（Maddie Grant）與傑米．諾特（Jamie Notter）在《人性化》（Humanize）一書中所說的：「我們經營組織的方式像操作機器一樣。[6]」我們卡在一種機械化經營的模式中已經一百多年了。科學管理以及對自動化與最適化的關注，在許多方面都締造了長足的進步，卻創造出人類愈來愈不喜歡的工作環境。

想想你上次的績效評估，或是老闆、系統或流程阻止你做你覺得最好的事情，或逼你做你覺得無意義的事情。想想公司用來定義每個人在組織中的職位與級別的縮寫與數字。這些東西給你什麼**感覺**？

對管理團隊來說，許多員工不喜歡他們的工作早就不是什麼新鮮事了，多數的領導者也想做點事情以改善這種情況。大量證據顯示，個人覺得工作與公司的整體業績有關。例如，蓋洛普的研究人員發現，工作敬業度與九個**不同工作類別**的績效改善有關[7]，從獲利與生產力到客戶滿意度與安全等等。相較於打混的員工（占勞力的二〇%），敬業的員工比較少發生事故，工作中造成的缺陷較少，健保成本也比較低。蓋洛普估計，打混的員工每年造成的成本約五千億美元。當你對工作感覺更好時，你自己與公司都因此受惠。

我們知道我們需要改變工作方式，但多數人不知道該怎麼改變。

你的工作可能不是問題所在

特克在訪問時發現的妙事之一，是人們在各行各業中都有可能感到心滿意足（與不滿）。然而工作上的快樂似乎主要是取決於環境（周遭人事、實體環境、系統、流程等等），而不是特定的角色。

一九九〇年代末期，由艾美．瑞斯尼斯基（Amy Wrzesniewski）領導的一組研究人員試圖驗證這個觀點，所以他們詢問了辦事員與專業人員對工作的看法[8]。研究人員問道：

- 你工作只是為了賺錢嗎？
- 還是為了更深入參與，藉由升遷獲得成就感？
- 你從工作本身及工作的成就感中獲得樂趣嗎？

簡言之，你認為你的職業只是一份工作、職涯，還是一種志業？令人驚訝的是，從事同樣職業的人，回答這三種答案的人數差不多。該研究指出，你如何看待你的工作，「不能光看人口統計差異或職業差異」。因此，研究人員的結論是，肯定是其他因素使我們對相似的角色有迥異的看法。

什麼是「其他因素」？那是指我們的內在動機。過去幾十年間，行為研究讓我們更清楚了解，是什麼因素驅動人類這個物種。那些研究促成了愛德華・德奇教授（Edward Deci）與理查・萊恩教授（Richard Ryan）所謂的「自我決定論」（Self-Determination Theory）。丹尼爾・品克（Daniel H. Pink）的著作《動機，單純的力量》（Drive: The Surprising Truth About What Motivates Us）使這個概念開始普及，他以下面幾句話總結了這個概念[9]：

> 我們有三種內在的心理需求——專精（competence）、自主（autonomy）、關連（relatedness）。這些需求獲得滿足時，我們就會獲得激勵，有生產力，感到快樂。這些需求

未獲得滿足時，我們的動機、生產力、快樂都會暴跌。

我們先天就希望擁有自主感、能力感（或進步感）、聯繫感，以及使命感。你的動機——你做某事的動力以及做那件事的感覺——取決於你是否滿足了這些心理需求。這裡需要注意的一點是，這是非常主觀與私人的。你覺得你可以掌控每天做什麼或怎麼做嗎？你覺得你正在學習做什麼，而且愈做愈好嗎？你了解公司的目標，和其他的同事有共鳴嗎？當一個工廠工人掌握了工作動機，但一個外科醫生找不到工作動機時，工人對工作的感覺可能比外科醫生更好。

對我們來說，瑞斯尼斯基與特克的研究結果是好消息，因為他們的研究顯示，無論你從事什麼工作，都沒有必要感覺自己陷在死胡同中。你對工作的自主力其實比你想的還多。這本書剩下的部分就是要教你如何提高你掌握工作動機的機會。一種方法是改變你對當前工作的態度，提升自主感、學習與共鳴。另一種方法是培養人脈，讓你接觸到其他環境——不同的角色、老闆、公司或工作類型，讓你更容易掌握工作的動機。「WOL」可以幫你落實以下這兩種策略。

策略1：從塑造你的工作開始

瑞斯尼斯基與同仁繼續採訪了許多各行各業的人，包括工程師、護士、餐廳員工。他們後來把研究結果寫成論文〈塑造工作：把員工改造成工作的積極塑造者〉。文中提到，一個人即使從事的工作受到詳盡的規範，他也可以改變工作，進而徹底改變他對工作的看法[10]：

塑造工作是藉由重新定義工作的使命、以不同的方式體驗工作，來改變工作任務或關係，進而改變工作的意義。一個人覺得工作很值得又有價值時，工作的心理意義就出現了。因此，員工以增加使命感的方式來改變工作的任何行動，都有可能改變工作的意義。

瑞斯尼斯基特別指出，「工作塑造者」會改變工作的三件事：**工作的界限**（例如，他們可能做的額外任務）、**如何與他人互動、看待工作使命的方式**。例如，護理師的工作手冊可能詳盡地說明如何執行某種療程。但這項研究中，有些護理師花較多的時間告知與安撫病患，花更多的時間與病患家屬互動。他們認為自己「不只是護理師」，而是輔助患者的人。他們在同樣的醫院工作，面對同樣的同事，但由於他們用心塑造日常工作，他們更有可能覺得自己做的不僅僅是「一份工作」而已。

其他的職業也是如此。電腦工程師幫助同事時，感覺更好。快餐店的廚師採取額外步驟去「創造值得自豪的產品」時，他們也感覺更好。有些人覺得工作只是在執行別人的指令，有些人主動想辦法去改變他們做的事情、共事的人，以及看待工作的方式。塑造工作幫他們掌握了內在動機——自主、專精、關連——因此讓他們對工作更有好感。

除了感覺更好以外，他們的工作成果也變好了。研究人員訪問工作塑造者的同事與主管，以了解他們的績效（這是一種盲測，受訪者並不知道誰是工作塑造者，誰不是）。結果顯示，工作塑造者的同事認為他們比較快樂，工作表現更好。

幾乎任何工作都可以刻意去塑造。例如，上一章提到的莎賓是在西門子人力資源部任職時開始實驗。安雅在擔任祕書期間，努力使用新技術，並與同事分享學到的知識。瑪拉把自己的工作當成實驗室，不斷實驗開發新技能的方法，然後利用那些技能在公司裡變換角色。這些都是不需要別人同意的小行動。（瑞斯尼斯基寫道：「也許塑造工作的最大特色是，那是你主動去做的，不是老闆指使的。」）然而，那些小行動影響了他們互動的對象及看待工作的方式。

這些就是德奇與萊恩所謂「自我決定」的例子。無論你現在的職位是什麼，你都可以從現在的位置開始，做一些細微的調整，幫你掌握動機，改善工作體驗。

策略2：培養人脈以發現更多機會

但是，萬一你真的入錯行，或者只是好奇想知道其他的工作是否更適合你呢？雖然在惡劣的環境下，你或許也能掌握動機，但是某些環境確實比較容易掌握。例如，有些工作可能有較多的學習機會，或有些公司可能比較有人情味，尊重員工。為了增加你轉換到更好環境的機會，你需要先發現那些環境，然後想辦法接觸那些環境。最好的方法是透過其他人。

在臉書（Facebook）出現的三十多年前，馬克・格蘭諾維特（Mark Granovetter）就以研究證明，擁有更大、更多元的社交圈可以改善運氣，讓你知道更多更廣的可能性，也增加你接觸那些可能性的機會。一九七三年，格蘭諾維特分析社交圈的資訊流。他的研究結果後來變成社會學中引用次數最多的論文。那篇論文的標題是〈弱連結的力量〉（The Strength of Weak Ties）。因為我們熟稔的人——所謂的「強連結」——所擁有的資訊往往跟我們一樣，弱連結所擁有的知識、人脈、其他資源，往往是我們得先改變自己才能獲得的。

他舉的例子是找工作。格蘭諾維特引用了一系列的研究以證明，人們透過人脈找到工作的機會比透過其他的方法多。接著，他自己做了一項研究，結果發現，促使人們找到新工作的資訊，是來自他們幾乎不認識的人，或是透過那些人的共同朋友介紹的。雖然親近的朋友與家人更樂於幫你找工作，但從弱連結取得的不同資訊更重要。他指出，我們與弱連結互動時，運氣扮演什麼角色[11]：

> 不期而遇或共同的朋友可以重新啟動這種連結。值得注意的是，有些人是從他們已經忘記的個體那裡獲得重要資訊。

我在某次主辦的社交活動中，意識到這段話的實質寓意。我們十個人圍坐在圓桌邊，回答一個問題：「你是怎麼找到現在這份工作的？」我們的職涯發展看起來好像都很隨機，一位最近剛畢業的人碰巧參加我們公司的校園徵才活動，因此加入一個她從未聽說過的神祕商業領域。另一個人的公司被收購，所以她現在有新的老闆及新的組織文化。我最喜歡的例子是一位資深的工作者，他以前的公司倒閉了，他在酒吧巧遇很久以前認識的朋友而找到現在的工作。「我只不過是傳一則簡訊給他，後來就到這家公司上班了！」

我也不例外。我的職涯不是刻意探索如何滿足內在需求及發揮潛力的結果，比較像是連串的意外與巧合，以及對公司改組及他人決定的反應。在那場社交活動中，現場的每個人都是在玩職涯輪盤賭，滿心期待自己能矇到一個好環境，有時根本是在癡等更好的機會降臨。

格蘭諾維特的研究顯示，培養人際關係與人脈圈，可以提升你觸及更多可能性的機會。

自創好運

你應該塑造工作，還是培養人際關係以便探索其他可能呢？你可能已經猜到了，答案是雙管齊下。在本書中，你會看到運用ＷＯＬ五個要素去改變日常經驗，同時發展人際關係以擴大各種機會的人。ＷＯＬ幫他們更積極地塑造自己的未來。

當然，結果不一。有些人喜歡結識更多的人，有些人覺得自己因此變得更有好奇心與自信，還有一些人改善了技能與能見度，在工作上創造了新的機會，找到有成就感的新角色。一旦體驗過「自我決定」，獲得更多的自主感、自信與共鳴之後，就不太可能回頭走老路了。他們告訴我：「我絕對不會走回頭路。」

別等候幸運女神對你微笑。只要努力得宜，你就可以增加你接觸人脈、知識、其他資源的機會，那將會改變你做的事情，也會改變你對工作的感受。命運不是命運之神交給你的，你可以自己開創命運。

Part ① 重點複習

- 當我們掌握動機時——對自主、專精、關連的內在心理需求——我們的感覺更好。
- 掌握動機的一個策略，是從塑造你現在的工作開始。你可以藉由調整任務、關係、對工作的觀感來塑造工作。
- 為了發現更多的機會，你需要以有意義的方式拓展人脈。那可以幫你接觸到更多的知識、更多的人、更多的經驗、更多的可能。
- WOL是幫你塑造工作及培養人脈的方法。這樣做可以幫你掌握內在的心理需求。
- 無論你的背景、年齡或社交技能如何，你都可以學習WOL。

Part 2

五個

WOL要素

1 WOL工作法的演變

所以，只是寫部落格嗎？

妻子最初聽我描述WOL後的反應

很多事情是你可以「明顯秀出來的」。生活、愛、笑、哭、跳舞、派對、閱讀、思考等等都可以明顯的秀出來，例子不勝枚舉。

我第一次看到Working Out Loud（直譯：秀出工作力，縮寫為WOL）這種說法，是在二〇〇六年葛林．穆迪（Glyn Moody）寫的短文中：〈秀出思考與工作力〉（Thinking and Working Out Loud）。他在文中描述他寫部落格的原因。「光是閱讀資訊是不夠的，我需要確定自己消化、理解了那些資訊，並融會貫通，加以活用……寫部落格已經變成我的筆記，那是我彙整零碎數位訊息的資料庫。[1]」

四年後，布萊斯．威廉斯（Bryce Williams）為「WOL」下了定義。他曾在一家大型製藥公司領導創新與協作，他以「WOL」來描述「運用社交協作工具的行為與重要結果」[2]。他提出一個簡單的公式：

WOL=可觀察的工作＋敘述你的工作

威廉斯鼓勵大家使用社交工具分享工作[3]，包括已經完成的工作（例如簡報與文檔）以及正在進行的工作（例如你正在做或學習的事情、你的想法）。我第一次看到WOL這個詞的時候覺得，讓別人看到自己的工作，好處顯而易見。但我跟其他人提起這個概念時，他們的反應顯然好壞參半：

- 「誰在乎我做什麼？」
- 「我沒時間做那種事。」
- 「哦，我不喜歡自我吹噓。」
- 「為什麼要那樣做？」

連我太太也難以理解個中道理。我試著解釋，讓大家看到你的工作只是一種方法，不是目的。當然，直接把工作內容丟上網路或公司的內部網路，沒什麼效用。但認真地分享工作心得，可以幫助做類似事情的人。那樣做也可以幫你獲得意見回饋，進而改善工作、促成新點子、結識新朋友。

我在網路上分享工作幾個月後，某天清晨享用咖啡時，我再次自豪地向太太說明什麼是WOL。我講完後，氣氛尷尬地靜默片刻。接著，她說：「所以，只是寫部落格嗎？」我不禁垂下肩膀，嘆了口氣，像一顆慢慢洩氣的氣球。「不是，」我說，「不只是寫部落格。」我繼續靜靜地啜飲咖啡。我知道我必須想一種更好的解說方式，以及大家都該那樣做的更好理由。

擴展WOL的意義

與太太討論後，我不斷地在各種情境中——在演講中、書面教材中、電梯對話中——修改「WOL」的定義。

> WOL是以一種開放、大方、互連的方式工作，讓你建立有效的人脈圈，變得更有成效，接觸更多的機會。
>
> ↓
>
> WOL是從讓大家看到你的工作開始，從而幫助別人。你這樣做的時候——當你以更開放、更相連的方式工作時——就能建立一個更有效的人脈圈，讓你變得更有成效，接觸更多的機會。

這些定義看起來好一些，但若是要說ＷＯＬ是「從讓大家看到你的工作開始」，感覺還是很狹隘。

不是大聲公

我與ＷＯＬ圈的一位早期成員互通電郵時，產生了不同的看法。她寫信告訴我，她喜歡她的ＷＯＬ圈，覺得很實用，但她不想曝光。我聽她這麼說，感到困惑不解。既然不想曝光，那她為什麼還要加入ＷＯＬ圈呢？

是什麼讓我加入呢？我想與大家聯繫，但在情感上有點抽離工作。我的團隊很棒，我也很喜歡這裡，但工作本身相當枯燥，而且還挺煩的。所以，我想，我需要做一些調整，看我能不能對工作更投入一些（也對生活更投入，因為工作是生活的極大部分）。我再多講一個原因，雖然我刻意讓目標與工作無關，（我努力工作三年，做到副總的職位，卻覺得那實在太勞心費神了！）但以不同的方式思考人與人脈以及各種機會，使我在工作上變得更開放，看待工作的方式也變得更開明。我認識更多有趣的人，不再覺得工作應該是生活的全部。我只要環顧四周，就可以輕易地回饋分享。

大家第一次聽到「ＷＯＬ」時，常把焦點放在「秀出來」的部分。在談ＷＯＬ的投影片與文章中，我們常看到大聲公的圖案，而且通常會強調社群媒體。但那只是WOL的一小部分。前面那段早期成員描述她想找的東西，以及她體驗到的效益——「想與大家聯繫」和「讓我變得更開放」——讓我明白了WOL不僅僅是工具與分享工作而已。就像她的經歷一樣，WOL會改變你對自己與他人的看法，也會改變你對工作的看法。

WOL：一種方法與一種心態

當我試圖以WOL的定義來說服大家卻失敗後，我決定直接幫助他們，讓他們邊做邊學，自己體會WOL的效益。我在公司的內部網路上貼出一份公告，說我願意提供一對一的培訓。接著，幾位不同城市的志願者開始來報名。

我們安排每週的通話時間，我一開始先問他們想做什麼或想學什麼，或者他們想探討什麼議題。接著，我們開始列出與他們選擇議題有關的人物。我們通常本來就知道幾個可列入名單的人，接著又上公司的內部網路及外部網路搜尋更多的資訊。後續的幾週，我們試著以法拉利教我的「大方分享」為基礎，跟名單上的幾個人培養關係。一週又一週，我們練習以不同的方式做出各種貢獻。

結果真的奏效了。那幾位學員對於他們能夠在任何地方跟任何人建立關係，進而深化關係，都感到很訝異。他們很快就意識到，擴大的人脈圈讓他們更有自主感，也提高了實現目標的機率。而且，那跟過去的社交經驗不同，他們對於自己做的事情感覺良好，因為他們的付出是真誠的，他們把焦點放在貢獻一己之長上。

不久，我開始把指導他們的步驟公布出來，讓大家可以自己練習ＷＯＬ，那份指導內容後來變成ＷＯＬ指南。經過幾年的發展，它變成一套方法，傳播到六十幾國。這份指南不只是一套技術，也是一種與他人、自己、工作交流互動的方法。ＷＯＬ一開始只是指在協作平台上分享工作，如今演變成更豐富的東西：由五個要素組成的思維方式。

- **有意義的探索**
- **人脈關係**
- **大方分享**
- **工作能見度**
- **成長心態**

至於ＷＯＬ的定義，目前依然沒有最簡潔扼要的說法，因為我常以不同的方式描述ＷＯＬ，視聽眾與情境而異。在最近一支名為〈ＷＯＬ是什麼？〉的短片中，我這樣描述ＷＯＬ：[4]

ＷＯＬ是一種培養關係的方法，可以幫你實現目標、發展技能、探索新議題，或展開職涯的

下一步。

這是一種人脈經營，但多了人情味。

WOL不是為了得到什麼而經營人脈，它是為了幫助跟你的目標有關的人。你的幫助可以包羅萬象，例如，關注與欣賞對方、分享可能對其他人有幫助的工作內容與經驗。

這不是虛假的，也不是在操弄對方。你不會斤斤計較，也不期待任何回報。但久而久之，你的付出會培養出信任，深化人際關係，那將會提高你與其中一些人資訊交流及合作的機會。

在第二部分的後續章節中，你將學到這五項要素的相關研究，以及如何實際運用。你會看到一些具體落實WOL的實例。在第三部分，你會自己練習一遍WOL的每個步驟。

本章重點

- WOL的定義最初僅限於在社交工具上展現你的工作，但如今演變成一套方法與思維方式。
- WOL作為一種思維方式，包含五個要素：有意義的探索、人脈關係、大方分享、工作能見度、成長心態。
- 這五種要素彼此相關，人們通常因態度與能力不同，而強調不同的要素。這些要素結合起來，創造出一種開放、大方、相連的工作與生活方式。

● WOL圈是一種夥伴互助方式，成員彼此幫忙落實五個要素以建立人脈圈，親身體驗效益。

練習

有人真的做過書籍上的練習嗎？我不習慣。但後來我讀了瑪莎・貝克（Martha Beck）的《星光掌舵》（Steering by Starlight），那本書裡的練習非常簡單，我幾乎都是直接在書中的空白處作答。在這本書中，我試著模仿那種簡單又實用的練習。

後面的章節都是以兩個練習作結：一分鐘習題與五分鐘習題。那些練習很簡單，你隨地隨地都可以完成，甚至在手機上也可以完成。以下是兩個例子：

一分鐘習題

第一部分提到，一項研究顯示，即使是職業相同的人，他們把職業視為一份工作、職涯、志業的人數差不多。你怎麼看待你的職業呢？為什麼？

五分鐘習題

你如何找到現在的工作？這個賴以謀生的工作是你有意義地探索多種選擇之後，仔細挑選的嗎？還是，你只是在玩職涯輪盤賭，聽天由命，希望能矇到一個好職位呢？

2 有意義的探索

「追隨熱情」可能是糟糕的建議。

卡爾．紐波特（Cal Newport）
《深度職場力》（So Good They Can't Ignore You）

世界上有許多種可能的職業，也有無數條人生的走法。你怎麼知道哪個選擇最適合你？你又該從哪裡開始看起呢？

在人生的不同階段，我都確信自己知道以下這個問題的答案：「我該如何過這一生？」五歲時，我想當古生物學家，挖掘恐龍骨頭。十一歲時，我知道我想當棒球選手。隨著年齡增長，我的人生目標依然明確，只是變成了當心理學家、企業再造顧問，以及以電腦模擬人腦的電腦科學家。但那些願望都沒有實現，最終我在大銀行裡工作了二十幾年。

遺憾的不是我沒有實現兒時的職業夢想，而是我相信了一種浪漫的迷思：抱著一個我永遠無法找到或實現的特殊目的。在艾倫・狄波頓（Alain de Botton）的《工作！工作！：影響我們生命的重要風景》（The Pleasures and Sorrows of Work）中，一位職涯顧問描述這種普遍的誤解所衍生的後果：[1]

> 他說，最常困擾其客戶的無益幻覺是，他們應該想辦法在正常程序下——早在他們完成學位、成家、買房、晉升到律師事務所的頂峰之前——憑直覺知道他們該如何度過一生。一種過時的觀念折磨著他們，使他們覺得自己因某種錯誤或愚蠢而錯過了真正的「志業」。

想要找出真正志業所面臨的一大問題是，你只知道一小部分的可能選項。光從你知道的可能選項中挑選，選擇極其有限。即使你能找到熱情，也願意去追求熱情，卻不可能知道把熱情轉變成職業的所有方法，也不可能知道一旦你真的把它變成職業以後，感覺是什麼樣子。例如，霍迪四歲時夢想成為飛行員，但那只是因為他不知道還有其他更好的工作。他後來效勞的公司及採用的技術，在他十幾歲時根本還不存在。

有時，我希望人生道路會自己浮現出來，就像那個因酒吧偶遇舊識而找到下一份工作的人那樣，依靠「機緣巧合」來指引下一步。但是，「機緣巧合」顧名思義就是可遇而不可求的東西，把希望寄託在機緣巧合上，等於是讓自己的幸福完全取決於運氣。

幸好，我發現有一種更好的方法可以指引你做決定，把自己導向更有收穫的可能結果：有意義的探索。那是一種目標導向的探索。

從小處著手並學習持續調整

麥特在一家大型金融公司的ＩＴ部門工作，他想換工作。他考慮一段時間後，決定結合他的分析能力與金融機構的服務經驗，改行當金融顧問。這樣想似乎很合理。

麥特想到的第一件事，是先取得必要的證照。遺憾的是，那需要通過很嚴格的考試，也就是說，需要投入大量的學習時間與金錢。他問上司，公司是否願意補助他補習與考試的費用，他的請求遭到拒絕。儘管銀行裡有很多工作都需要證照，在麥特與上司所屬的ＩＴ部門裡，工作並不需要證照。麥特覺得障礙阻擋了他的去路，不知道該如何突破障礙。公司不願在他身上投資也令他不安。一年之後，他在換工作方面依然毫無進展。

在《做自己的生命設計師》（Designing Your Life）[2]一書中，比爾．柏內特（Bill Burnett）和戴夫．埃文斯（Dave Evans）提到艾利絲的故事。艾利絲就像第一部分第一章的莎賓，經歷了漫長的人力資源職涯，已經準備好接觸不同的領域。她知道那是什麼：一家提供「美味咖啡與正宗托斯卡尼美食」的義大利熟食店。她去過托斯卡尼，很喜歡那裡的咖啡館，夢想自己也開一家類似的咖啡館。

她攢夠了創業資金，收集了需要的食譜，在住家附近找到最適合開業的地點，便開始實踐計畫。她租下一個地方，徹底裝潢，擺上最好的產品，然後盛大地開張營業。過程費盡了千辛萬苦，新店一開張便大受歡迎，門庭若市。她比以前更忙碌了，但過沒多久，她就覺得人生很悲慘。

艾利絲喜歡「開一家義大利熟食店兼咖啡館」的想法，但她從來沒想過雇用員工、管理庫存、維護店面會遇到什麼問題。她不知道自己不知道什麼，也不知道怎麼去發現那些盲點。

設計人生的不同方法

大學教授應該常看到這種事情發生，因為他們的學生常在幾乎不了解職涯的情況下，被迫做出重大的職涯決定。究竟是要當醫生，還是當律師呢？應該加入顧問公司、銀行，還是新創企業呢？除了不太了解這些職業的實際情況以外，學生往往也不知道自己還有哪些選擇。他們怎麼會這樣呢？

這就是柏內特與埃文斯撰寫《做自己的生命設計師》的初衷。埃文斯是加州大學柏克萊分校的教授，教的是「如何找到志業」。柏內特是史丹佛大學設計學程的負責人。他們結合自身的興趣與經驗，運用設計思維——「一種發揮創意實際解決問題及創造解方的方法」——幫學生設計畢業後的人生。（他們後來還為世界各地的「人生設計教練」提供認證。）

為了幫大家避免犯下代價高昂的職涯錯誤，他們建議讀者利用一些小實驗，多了解自己想走的方向，之後再投入大量的時間與金錢。他們在書中稱這個方法為「尋路」（wayfinding）：

> 由於人生道路沒有「單一」的目的地，你無法把目標輸入GPS，依據左拐右彎的指示抵達終點。你只能仔細觀察眼前的線索，想辦法靠手中的工具前進。

柏內特和埃文斯把這些實驗稱為「原型」。這個詞通常是用於產品或服務的早期實驗階段，但也可以套用在工作或職涯上。他們寫道：「最簡單、最容易的原型形式是對話。」

> 你要找的對象，是正在做你想做的事情或過你想過的生活；或是在你想詢問的領域，擁有實際經驗與專業知識的人。

麥特因為堅持邁出重要的第一步，沮喪地等候別人的許可一年，失去了深入了解潛在新領域以及發現其他可能的機會。而艾利絲冒了很大的風險，豁出去開了那家店，卻發現自己不喜歡最後的結果。如果他們事先曾去尋找與自己目標相關的人，多訪問一些對象，情況會好很多。「理財顧問整天都在做什麼？」「經營餐館最糟的部分是什麼？」「還有哪些其他的工作跟我的興趣有關？」

「有意義的探索」這個要素是以對話為基礎，來擴展你可以做的實驗。例如，第一部分第一章中，霍迪利用他在線上社群的貢獻發掘精進技能的方法，並把技巧應用在更廣泛的情境中，包括一份他從未想過的工作。莎賓、安雅、瑪拉和我則是做我們自己的實驗，來幫我們找到和自己興趣有關的人，進而找到未來的出路。每一步——貢獻、相連、交談——都讓我們更了解自己喜歡什麼及不喜歡什麼，發現新的朋友與新的可能，並隨著進一步探索而修正目標。

喬伊絲：改造職涯

喬伊絲在職涯後期探索新工作類型的方式，就是一種「有意義的探索」。喬伊絲在紐約工作了二十幾年，為幾家大銀行管理複雜的全球專案。有時，這份工作很有挑戰性，甚至令人振奮，而且薪酬優渥。但隨著銀行業改變，工作也變了，喬伊絲不得不跟著改變。公司縮編時，喬伊絲面臨在經濟困頓期找工作的嚴峻。

我認識喬伊絲時，發現她總是對學習新的事物很感興趣。其一是社群媒體，那時臉書與LinkedIn才剛出現，她在它們流行起來以前就開始使用了。喬伊絲會主動去找企業家與社群媒體專家幫助自己學習。為了練習在工作中使用社群媒體，她自願在已經加入的紐約金融婦女協會（Financial Women's Association of New York）裡擔任數位策略長，那是無給職，但那個角色讓她有機會把學到的一些知識應用在商業環境中。這個職位也幫她運用現有的人脈去拓展更有意義的連結，並在社群媒體的相關會議上演講。每次參加活動，她都會學到新知，結識更多人，進一步塑造自己的聲譽。漸漸地，她不再只是一個對社群媒體感興趣的前銀行從業人員，而是一個以前正好在銀行業任職的社群媒體專家。

她一邊學習，一邊幫助別人。她向金融專業人士傳授LinkedIn的相關知識，籌辦社交活動，利用她日益擴大的人脈圈撮合那些可以互相幫助的人。這些學習經驗與人際關係為她開啟了新的機會。其中一個亮點是瑪麗亞．巴蒂羅姆（Maria Bartiromo）邀請喬伊絲上她主持的CNBC節目，請她「為突然回歸起點的嬰兒潮世代提供建議」。

後來，喬伊絲結合不同的技能與興趣，創立自己的顧問公司SocMediaFin，「為金融服務業與其他監管嚴格的產業，提供社群媒體策略開發與實施的服務」。她成為全美各地的會議與企業爭相邀請的講者。每天與日益龐大的多元人脈互動，使她充滿了成就感。那些實務經驗使她得以在紐約市立大學柏魯克分校（Baruch College）教授一門社群媒體課程，並為一家專門為金融公司提供社群媒體的軟體公司管理專業服務。幾年後，她職涯中所包含的不同要素——曾在大公司任職、多次轉行、培養新技能及塑造聲譽的能力——使她成為幫助他人做同樣事情的絕佳人選。因此，一家全球性的人才招募公司找上她，請她去領導他們的紐約分公司。

喬伊絲大可把自己早年對社群媒體的興趣視為一種業餘嗜好，或告訴自己：「我不夠好。」

畢竟，有很多人比她年輕、更有經驗。但她不斷地嘗試新事物，建立連結，邊做邊學。喬伊絲一開始並沒有設定固定的目標，也沒有規劃逐步抵達目的地的步驟，而是從興趣與實驗開始著手。久而久之，這些興趣與實驗把她帶到一些意想不到的美妙地方。在離開大銀行的專案管理職位後，喬伊絲並未面臨愈來愈窄的發展前景，現在她擁有的選擇反而比以前更多了。

布蘭登：把嗜好變成使命

如果你心中沒有明確的職業方向，那怎麼辦？布蘭登・史坦頓（Brandon Stanton）是「紐約眾生群像」（Humans of New York）臉書專頁的創辦人。他的故事顯示，即使你只有模糊的概念，只要把它與ＷＯＬ的其他要素結合起來，就可以指引出你的行動方向，幫助你發現從未想過的各種可能。

布蘭登在亞特蘭大的郊區長大，在喬治亞大學讀歷史系，第一份工作是在芝加哥當債券交易員。幾年後，在金融危機的餘波中，他遭到裁員。當時他沒有多少錢，也沒有什麼機會找到另一份金融工作，他決定嘗試不同的東西。那時他剛買了一台很好的相機，喜歡在芝加哥四處溜達拍照。所以他決定，他的目標是在周遊美國時，精進這項嗜好。他像成千上萬名對攝影感興趣的人一樣，第一個念頭是拍下他在不同城市的旅行足跡，以那些相片來建立一個攝影部落格：[3]

我的第一站是紐奧良，接著是匹茲堡，然後是費城。每次到一個新城市，我都會上街漫遊，拍下看起來很有意思的東西，每天拍近千張的相片。每天拍攝結束後，我會挑出三、四十張最喜歡的相片，發布在臉書上。以自己對每個城市的第一印象，為每本相簿命名。例如，匹茲堡是黃鋼橋；費城是磚塊與旗幟。當時我沒有多大的抱負，只有一些模糊、天真的想法，想靠販售最好的相片謀生。當時，我發布那些相片只是為了讓親友欣賞而已。

他還有其他的想法，包括在互動式地圖上加入街景照，以創造一個城市的攝影地圖。不過，他是實際攝影，在臉書上發布相片並獲得回饋後，才開始嘗試其他的事情。除了拍一般的城市街景以外，也開始拍街頭人物。當那些人物照獲得不錯的迴響時，他開始詢問拍攝對象一些問題，並為每張相片附上訪談的片段內容。

他抵達紐約時，幾乎所有的相片都是人物照。於是，他決定給這本新的臉書相簿專頁取名為如今眾所皆知的「紐約眾生群像」。他從未打算定居紐約，但夏末短暫返回芝加哥收拾家當後，他便決定在紐約定居下來。

布蘭登的目標持續在變。在毫無正規的攝影訓練下，他慢慢地學習拍攝更好的相片；上前詢問陌生人是否願意拍照時，也獲得更好的回應。（他說：「一開始，遭到拒絕很難受。」[4]）不到兩年內，原本單純的網路相簿吸引了三萬人按讚，接著增為六萬人。不久，其他人開始模仿他的作品，創作出「哥本哈根眾生群像」、「特拉維夫眾生群像」等仿作。那些族群的出現又進一步幫布蘭登及其作品宣傳口碑。一年後，他的臉書粉絲團已吸引一百多萬名粉絲。布蘭登仍持續拍攝相片，但他也打開了更多的機會，包括出版書籍並登上《紐約時報》暢銷書榜的第一名（《鼓舞人心的相片與抓住城市精神的故事》）。他被《時代》雜誌評選為「三十位三十歲以下最具影響力的人士」（30 under 30），因此吸引了更多的關注，也開啟了更多的可能性。布蘭登回想自己是如何以一種以前不可能的方式改變人生：5

「紐約眾生群像」是一個驚人的故事，那是十年前不可能發生的。如果沒有社群媒體，我可能只是一個古怪的業餘攝影師，硬碟裡裝滿了相片。我可能硬著頭皮打冒昧電話給一些知名的出版商，央求他們刊登我的相片，甚至很可能已經放棄不幹了。但現在我發現，每天有近一百萬人點閱我的相片，或者我應該說，是他們發現了我。

體驗過成功以後，布蘭登的目標又變了。他開始發財了，而且很早就決定把一些財富捐出去，並嘗試以他的相片做更多以前沒想過的事情。他在某次網路訪談中提到：6

我不想把「紐約眾生群像」「變現」或「拿來賺錢」。我喜歡公開這麼說，因為我希望觀眾能讓我堅守使命。過去六個月以來，「紐約眾生群像」的紙本印刷銷售額已經為慈善事業募集了近五十萬美元。我想進一步靠那個網站為非營利事業募資。某種程度上，我真的想把

「紐約眾生群像」「獻」給紐約。

布蘭登的臉書帳號有一千八百多萬名粉絲，他在其他的平台上也有數百萬名追蹤者。後來他又出版了更多本暢銷書，啟動為期五十天的世界之旅，並在聯合國的贊助下造訪十二個國家，包括伊朗、伊拉克、烏克蘭、肯亞、南蘇丹。為什麼要去那些地方呢？他說：「在那些遭到誤解或令人恐懼的地方，這份工作有非常人性化的效果。」他的目標又再次改變，粉絲也注意到了。例如，一名粉絲在一張相片下（相片中是四名伊拉克婦女）留言：「你每次人物訪問，都慢慢地改變世界。謝謝你。」[7]

布蘭登的故事結合了WOL的五個要素。他公開工作內容，讓大家看見；他因此獲得意見回饋，幫他持續改善作品，也幫他培養人際關係；他很大方地分享作品，免費發布，也很大方地分享作品衍生的收益。重要的是，他以最初的目標作為探索各種機會的踏板，那些機會也許更有意義，更令人滿足。因為有那些探索，他在短短三年內徹底改變了職涯與人生——從失業的債券交易員變成大家喜愛的攝影師、作家、慈善家。

找到自己的路

很多人是在創造東西很難又很昂貴的年代成長，犯錯的代價也高。你可能只有一次機會進行規劃、實踐、交付產品或服務，所以需要把大部分的精力投入到規劃中，以確保產品第一次推出就正確。這種模式有許多問題，其中一個問題是，你要等別人看到或用過你的產品並給予意見，才知道怎樣才算「正確」。因此，創造東西是有風險的，只有機構才有本錢大舉投入規劃，並偶爾承擔代價高昂的錯誤。

職涯也是如此。你必須很早就決定自己想要靠什麼謀生，而且你還得在不確定那個選擇是否適合你之前就要決定了。你只能盡力規劃，但選定某條路後，要嘗試別的東西往往代價高昂或很困難。

LinkedIn的聯合創辦人雷德·霍夫曼（Reid Hoffman）建議，現在我們可以採取一種不同的方式來發展職涯。在《第一次工作就該懂》（The Start-up of You）中，他指出：「如果你想把握新機會，因應當今職場生態的種種挑戰，面對職業生涯的思考與行動，就要像經營新創企業一樣。」[8]

> 為什麼要這麼做？新創企業與這些企業的創業者都很靈活，他們投資自己，打造專業人脈，承擔理性風險，把工作上的不確定與波動扭轉成對自己有利的優勢。如今的專業人士若要成功發展，正需要同樣的技巧。
>
> 現在的職涯市場早就與過去不同了。傳統的職涯規劃在比較穩定的情況下是可行的，但是在迅速變遷的年代，過去的作法即使不危險，也有很大的侷限。你會改變，你周遭的環境也會

改變。

如今，新創企業採用一種截然不同的模式來開發產品與服務，他們稱之為「精實創業」，目的是在流程一開始就獲得意見回饋，不是等結束時才獲得[9]。無論創業者想推出什麼產品或服務，他們先開發出最簡單可使用的產品（minimum viable product）——既能傳達核心理念，而且盡可能使用最少的資源——並把它呈現在潛在用戶或顧客的面前。由於生產東西變得更簡單便宜，現代的創業者花在抽象規劃上的時間減少了，花在創造及獲得意見回饋上的時間變多了。他們反覆地改進，獲得更多的意見，每次都會調整以持續精進，而不是只做一次規劃與落實。

對你的職涯與生活來說，有意義的探索就相當於精實創業。這種方法讓喬伊絲與布蘭登找到了他們擅長及喜歡的工作。你的最初目標會指引你的行動，包括將嘗試的原型或實驗、將進行的對話，以及將做出的貢獻，那些付出會讓你獲得意見與學習。接著，你可以根據探索的結果調整目標，進行下一輪的實驗。不過，你不是獨自完成這一切。下一個要素「人際關係」是支持你的來源，也是資源與機會的泉源。

本章重點

- 光是從你已知的領域挑選工作或職業，非常侷限。
- 有意義的探索是一種目標導向的探索，它可以引導你的決策，促成更好的機會。
- 與其豁出去冒很大的風險、朝固定的目標邁進，你應該嘗試一些小實驗或原型，以進一步了解潛在的新工作或方向，並發現其他的可能。
- 最簡單、最容易的原型形式是對話。誰已經在做你想做的事情了？他們的經驗中最好與最壞的部分是什麼？你能從他們的身上學到什麼？
- 對於你與職涯來說，可以把有意義的探索視為精實創業。就像新創企業一樣，最初的目標會引導你的行動方向。當你得到意見回饋與學習時，可以跟著調整目標。

練習

一分鐘習題

什麼東西可以激發你的興趣與好奇心？你對學習什麼東西感興趣？列個清單，在一分鐘內想到多少就寫多少。這些可以作為有意義探索的基礎，也可以成為你在第三部分第二章挑選目標的靈感來源。

五分鐘習題

如果你沒有推特（Twitter）帳號，現在就先去開一個陽春帳號，頭像或其他的細節可以等以後再補齊。

如果你已經有推特帳號，花幾分鐘看你關注哪些帳號，那些關注有意義嗎？可以幫你發現與學習嗎？

如果你不喜歡推特，可以考慮開一個帳號做實驗，你不見得要經營那個帳號。即使你從來不發推文，有一個帳號就可以認識更多的人，與他們互動。當你做有意義的探索時，那是實用的資產。（編注：作者身處美加地區，故以推特為例，本書可以替換其他本地風行的線上社群，例如：Facebook、Instagram、微博、微信等等。）

3 人脈關係

社群網路之所以有價值，
正是因為它們可以幫我們達成自己無法獨自實現的目標。

尼古拉斯．克里斯塔基斯（Nicholas Christakis）
與詹姆斯．富勒（James H. Fowler）

你會社交嗎？

在你急著回應以前，答案是肯定的。無論你是否在推特上發文，或是否喜歡晚宴派對，你先天就是社群動物。在《相連》這本書中，研究人員克里斯塔基斯與富勒說明，社交影響力如何延伸到生活的方方面面：[1]

人際網絡影響歡樂的散播、性伴侶的找尋、健康的維持、市場的運作，以及民主的爭取。然而，社群網路的影響不見得都是正面的。憂鬱、肥胖、性病、金融恐慌、暴力，甚至自殺也會蔓延開來。事實證明，社群網路可能放大那些負面因素所播下的種子。

這項研究證實了一個大家早就知道的道理：人際網絡很重要，它們會改變你。有一句流行話是這麼說的：「你平常最常互動的五個人，平均起來就是你。」這樣講也許過於簡化，但父母關心你平常跟誰往來是正確的。

你的人際網絡也會改變你的未來。人際網絡發展得宜時，可以讓你接觸到知識、專業技能、影響力，擴大你的潛力範圍。影響你社交人脈關係的因素之一是你的聲譽——你是誰、你做什麼、你做得多好。誠如社會學家格蘭諾維特在一九七三年發表的論文《弱連結的力量》所寫的，你的人脈愈亨通，成功的機率愈大。社會學家兼芝加哥大學布斯商學院的教授羅納得·伯特（Ronald Burt）也證明，人脈亨通的人，績效評價較好，晉升較快，薪酬較高。

培養更好的人脈是大家加入高級俱樂部、去特定學校求學、參加大型會議的原因，也是卡內基的著作《卡內基溝通與人際關係》（How to Win Friends and Influence People）長年暢銷的原因。（一九三六年，他首度出版此書作為「實用的人際關係指南」，只印了五千本。但後來賣了一千五百萬本，八十多年後依然暢銷。他寫道：「身體力行這份指南的成效，常令大家感到訝異，覺得那簡直是奇蹟。」[2]）這也是我把「人脈關係」列入WOL五大要素的原因。

什麼是人脈關係？

多數人對「人脈關係」的定義很狹隘。我們想到的是家人與親友，也許再加上幾位比較合得來的同事。人類學家羅賓·鄧巴（Robin Dunbar）提過一個著名的觀點：「根據人類新大腦皮層的大小，人際網絡的最大規模」約一百五十[3]。大家講到一個人可維持的穩定人脈關係上限時，常引用鄧巴這個數字。

但這只適用於某種人脈關係：「你碰巧在酒吧裡遇到他們，而且主動加入他們一起喝酒也不覺得尷尬」[4]。克里斯塔基斯與富勒的研究顯示，影響你（以及你影響的）的人際網絡其實比那個數字大得多。即使你跟某人不太熟，或不太清楚他與你社交圈中的其他人關係如何，你還是會覺得你跟他有關連。那種關連感就會增加影響力、信任、合作與協作。

令人不安的倫理學實驗「電車問題」證明了這點。你可以試著回答：

一輛失控的電車駛向五個被綁在鐵軌上的人，你站在控制桿的旁邊。你只要拉動控制桿，電車就會轉入旁邊的軌道，那裡有一個人被綁在軌道上。你必須在兩個選項中二選一：

1. 什麼都不做，讓電車撞死主軌道上的五個人。
2. 拉動控制桿，把電車轉到側軌上，造成一人死亡。

你會怎麼做？

在《行為》（Behave: The Biology of Humans at Our Best and Worst）中，羅伯．薩波斯基（Robert Sapolsky）描述了這個問題的多種實驗。如果側軌上的人是你的兄弟，或是你的高中同學，或穿著你最喜歡的球隊隊服呢？你會讓電車撞死那五個陌生人，以拯救一個你覺得有某種關連的人嗎？絕對會。另一項實驗是要求參試者在拯救一個人或一條狗之間做選擇，一輛巴士正朝著他們飛馳而去。「值得注意的是，如果失控的巴士正朝著一個外國遊客和自己的愛犬衝去，四六%的女性會去救自己的狗。[5]」

從演化的角度來解釋：她們覺得自己與愛犬比較親近。我們已經演化到能夠迅速辨識誰像我們，誰不像。即使是嬰兒，先天也會這樣做。數千年來，由於群體層級的天擇力量促成群體內的親社會行為以及群體與群體之間的競爭，因此區別對待的能力會幫有血緣關係的成員傳承基因。但薩波斯基指出，我們的親近感遠遠超越了基因：「當我們覺得對方**感覺**像親戚時，就會把他當成親戚看待。」女性之所以拯救愛犬，不是因為基因，而是因為一種感覺，一種親緣感。那是我們可以培養的東西，而且因作法不同，它可以產生正面或負面的影響。

職場的人際關係

我們先天就需要認同所屬的群體。這種根本的需求，衍生出一個遺憾的後果：組織中的員工一旦進入不同的部門、位置或團隊，他們很快就會出現強烈的歸屬感。因此，無論你在哪裡工作，隨處可見壁壘分明的現象。每個人都在哀嘆「孤島心態」，管理高層則是一再敦促大家要多合作。

一個由卡內基梅隆大學與紐約州立大學石溪分校的研究人員所組成的團隊，開始研究什麼因素可以讓人更願意合作與協作。他們觀察了貝爾實驗室（Bell Labs）的研究人員之間的資訊交流，以及他們對彼此研究的貢獻，包括一起撰寫論文。研究結果可能不足為奇：

> 最好的預測因素是……他們辦公室之間的距離。坐在一起的科學家討論技術議題進而促成合作的機會，是兩者相隔九公尺時的三倍。把兩者的距離拉長為二十七公尺時，他們合作的可能性跟相距數英里外的人差不多！也就是說，才拉長幾公尺，合作的可能性就急劇下降[6]。

然而，有趣的是，**為什麼**實體距離如此重要呢？

> 研究者觀察與調查貝爾實驗室的工作團隊，結果顯示，近距離之所以會促進協作，主要是靠兩個重要的機制：近距離比較容易注意到他人的活動；近距離容易促進非正式的溝通。人們同處一地時，可以看到其他人的活動，無意間聽到其他人的討論，從而得知潛在合作者的存在，也可以追蹤目前合作者的進度。近距離也有助於閒聊，那可以促進社交人脈關係與工作協調。[7]

簡言之，研究人員發現，隨著時間推移，閒聊以及意識到他人的行為（「你在忙什麼？」「你的專案進行得如何？」「這個週末有什麼計畫？」）會讓人產生一種親近感、關連感。研究發現，關連感愈強烈，資訊交流、合作、協作的機會愈多。

這種感覺是WOL人脈關係要素的精髓，你可以用簡單、真實、積極的方式來培養這種感覺。

有人情味的人脈

「人脈」是企業發展緊密關係的傳統手法。遺憾的是，我從來沒把這種活動跟我與他人的親近感聯想在一起。對我來說，培養人脈是指膚淺的閒聊及交換名片，感覺很虛偽功利。雖然我喜歡與人交談，但把那種事情當成培養人脈，總令我感到不太自在。因此，在我職涯的多數時間裡，除了家人、朋友、同事以外，我幾乎沒什麼有意義的人脈。

直到四十五歲左右，我才開始了解人脈是什麼。前言提過的法拉利「人脈大師學院」課程，徹底改變了我的人際往來與人際關係。如今回頭看，依然很慶幸自己上了那門課。那時我剛讀了法拉利的著作《別自個兒用餐》。他來我們公司演講，宣傳他的新書《誰在背後挺你》。數百人擠進會議廳聽他演講，演講結束時，他隨口提到他正在試推一門為期一年的課程，並為我們公司的員工提供了四個名額。當晚我寫信給人力資源長，說我想去上那門課的理由，我因此取得了其中一個名額。

在課程中，我們學習接觸更多人及擴展人脈的技巧。更重要的是，我們討論了四種心態，那四種心態是培養更豐富、更有意義的人脈關係的「行為基礎」。法拉利說那四種心態是：8

- **大方：**願意分享自己的東西而不求回報。

- **示弱：**當你承認自己的缺失或弱點時，你展現出對他人的信任，讓對方更容易表現出真實自我。

- **坦率：**坦白誠實地對待他人，這表示你對他人的重視，更勝過你從他那裡得到的任何東西。
- **問責：**說到做到，做不到就承認，這是培養信任的另一種方法。

綜合起來，這些心態促進更親近的人脈關係，使人們了解及關心彼此。我還記得我們開始討論人脈時，我原本抱著憤世嫉俗的心態：親近感與人脈？但是在整個課程中，不管是在課堂上或課堂外都練習應用這些概念。例如，關於親近感，有一個練習是：在一場餐會中坐在陌生人的旁邊，「有四十五分鐘可以關心對方」。當時，我們轉向彼此，臉上帶著恐懼與焦慮，但我們還是做到了。十年後的今天，我仍然記得那場餐會的情況，以及我交談的對象。就像法拉利在課堂上講的：「當你認識一個人，真正了解對方時，你怎麼能不關心他呢？」

無論是在職場、還是在家裡，我不再不著邊際地閒聊，而是改以對話表達出我對對方有興趣。於是我問了更多的問題，變成更好的傾聽者，也變得更謙卑，更願意示弱。結果就像卡內基在一九三六年寫的那樣，這簡直是奇蹟。現在我覺得人際互動很真實，也很有幫助，不再感到膚淺功利。也發現培養人脈不是為了收集聯絡人（門路），而是為了與他人培養更深厚、更有意義的情誼。

如果你幾乎跟任何人都能培養這種人脈關係，如果這種親近感並不侷限於你面對面接觸的人，那會是什麼樣子呢？

數位親近

自從貝爾實驗室的研究人員發表前述的研究以來（該研究發現，「注意到他人的活動」及「非正式的溝通」可增加合作的機會），社交技術的出現讓人可以跨地域與跨時區交流。《紐約時報雜誌》有一篇文章名為〈數位親密的美麗新世界〉，作者克萊夫．湯普森（Clive Thompson）描述一種相連感，或稱為「氛圍意識」（ambient awareness），那種感覺是來自多數社群平台上的短時間更新與活動流：[9]

> 他們說，那很像你實際接近某人，從眼角的餘光看到他做的事情（諸如肢體語言、嘆息、偶爾的評論），進而察覺到他的情緒……這是氛圍意識的矛盾。每個小小的更新——每一點社交

資訊——本身都微不足道，甚至平凡至極。但這些小片段合起來，久而久之，便凝聚成朋友與家人生活的豐富寫照，就像成千上萬個點組成的點彩畫一樣。這在以前是不可能的……

這並不是說線上連結取代了面對面交流的需求，也不表示線上連結就相當於面對面交流。但這確實表示，當你有目的、有意地運用現代工具時（如後續章節所述），它們可以幫你和一群更大、更多元的人群培養相連感。

優質的人脈圈

《相連》一書的作者指出，網絡的確是傳播資訊、實務，甚至是疾病等討厭事物的關鍵。但網絡也顯示，網路的類別很重要，那取決於傳播的內容。例如，某些類型的資訊只會在相互信任的人之間傳遞。相反的，疾病傳播到最初的群體以外時（例如感染者搭機去國外），就可能變成流行病。

在上個世紀，數學家對研究不同類型的網絡愈來愈感興趣，他們試圖提出模型來模擬現實世界的網絡經驗，包括社群網路。例如，模型必須解釋，為什麼多數人認識的人似乎不多，但研究卻一再顯示任兩人之間似乎只有六度分隔。這是怎麼回事，為什麼會這樣呢？

一九九八年，鄧肯．華茲（Duncan Watts）與史帝芬．斯托蓋茨（Steven Strogatz）提出一種解釋。他們寫了一篇言簡意賅的論文〈「小世界」網絡的集體動態〉。在論文中，他們說明某種網絡可以模仿現實生活的體驗，同時有效地傳遞資訊[10]。在嚴謹的數學基礎上，小世界網絡有兩個簡單的特徵。首先，這種網絡中有緊密相連的小群組。你可以想像一組五個人，每個人相互聯繫。第二個特徵是，較大的群組是稀疏相連的。例如，兩個小群組只有一個共同的成員。研究人員已經在現實世界中發現小世界網絡的特質，例如電網、神經網路、社群網路都是如此。為什麼呢？因為所有的系統似乎都想優化不同網絡的效率，在「連結的效益」與「維持連結的成本」之間拿捏平衡。

例如，在一個二十五人的小組中，最穩健的網絡可能是讓每個人都認識其他人，但那需要三百個連結。你可以組成五個緊密相連的小組（每個小組有十個連結），並讓幾個人同時成為數個小組的成員，如此一來，你只要五分之一的連結，就可以獲得大部分的網絡效益。

你建立社群網路時，不是要盡量增加連結數，甚至不是盡量增加深厚的人際關係，而是打造一個既有強連結、也有弱連結的網路。你需要有信任你的連結組成小組，彼此交換敏感的寶貴資訊。你也需要認識跟你不同的人——地理位置、工作、興趣上跟你不同——因為他們有你與強連結所沒有的資訊與門路。

如果你覺得這一切聽起來有點硬，你可以把它想成你加入一個線上小組或社群，那個小組或社群可能跟你的嗜好或關注的議題有關。《哈佛商業評論》的文章〈推動「人氣」策略力〉（How to Build Your Network）指出，「分享式的活動是彙集一群有共同興趣、但背景各異的人，而不是一群背景類似的人」[11]。那種團體就是小世界網絡的好例子，因為它往往混合了強連結與弱連結。那個團體裡可能有幾位你的朋友，但其他人在年齡、地點、知識、其他屬性方面則不一樣。

尼古拉如何培養人脈

尼古拉是莫斯科的工程師，專長是改善資料庫的效能，他很擅長這份工作。然而，他開始做這份工作以後，很快就發現，只有他的上司和幾個需要找他幫忙的人認識他或了解他的工作。他開始改變這種情況——讓公司裡與世界各地的更多人知道他是誰，以及他的能力。

為了培養人脈，尼古拉進入公司的協作平台，加入一個線上社群，上面有四百位資料庫的專家。他開始經常在那裡發布一些可能對其他工程師有幫助的技術內容（例如「分析SQL計畫的實用工具」）。他也舉辦在地的聚會，讓其他人分享知識，相互學習。他積極尋找那些提出資料庫問題的人，以便提供協助。

在這個大型的跨國公司裡，四百人似乎不算多。但是對尼古拉來說，他們是公司裡最重要的四百人，因為他們的工作可以接觸到世界各地的資料庫。由於尼古拉積極地分享知識，任何人搜尋「資料庫效能」或「資料庫社群」時，都會找到他。他們都不知道他的職銜或上司，看到他的分享後，很快就覺得尼古拉在他們關心的工程領域裡是專家。尼古拉之所以成為專家，不是因為他自吹自擂，因為大家都看見他的分享，而且也對他的分享給予好評。尼古拉在公司外面也採用同樣的方法，他在savvinov.com上開了一個公開的部落格，針對其專業領域的不同面向發表了許多見解，例如Oracle資料庫的效能優化，他甚至「為初學者提供免費的優化協助」。

透過現場或網路的分享，愈來愈多人知道尼古拉與他的工作。他掌握了自己身為專家的聲譽，也獲得更多的機會。他的職涯不再只是依賴他與莫斯科上司的關係或一頁簡歷。相反的，他的線上成果、大方與一致的分享方式，以及大眾對其分享的意見回饋，都增加了他想要改變職涯時接觸新契機的可能性。

培養你的最佳人脈

儘管我們早就知道人際關係很重要，社會學家現在才終於能夠分析人際關係究竟有多強大。他們知道如何培養相連感，從而增加資訊交流與協作的機會。他們也知道哪些類型的人脈最有幫助。這表示現在培養小世界人際網絡——一個可以在多方面幫助你，而且包含強連結與弱連結的人脈——比以前容易多了。

下一個WOL要素「大方分享」，是把人際關係從一種感覺不太真實或不自在的東西，轉變成你喜歡的東西。那是一種探索與建立人際關係的自然方式。

本章重點

- 人脈塑造了你是誰，也塑造了你可以變成什麼樣的人。發展得宜的話，它會幫你獲得知識、專業、影響力。
- 身為群居動物，我們已經進化到能夠迅速分辨，誰是我族類、誰非我族類。電車問題說明了這種親近感如何影響我們對待他人的方式。
- 重要的是，這種關連感是可以培養的，並促成更多資訊交流、合作與協作的機會。
- 大方、示弱、坦率、問責和親近是深化人際關係的行為基礎，它們把人脈從一種感覺不太真實的東西，轉變成一種令人感到充實的東西。
- 好的人脈包括信任你的強連結所組成的小組（你們可以彼此交換寶貴資訊），也包括你與迥異的人所建立的弱連結（他們擁有你與強連結所沒有的資訊與門路）。

練習

一分鐘習題

想想你的人脈圈裡有哪些人。如果你感覺你與其中一些人有相連感，那種感覺是如何培養的？根據你的經驗，你覺得那種相連感可以促成更多的信任、資訊交換與合作嗎？

五分鐘習題

在LinkedIn上建一個基本的檔案（就像你開推特帳號一樣，你可以先建帳號，稍後再補上頭像與其他細節）。

如果你已經有LinkedIn的個人檔案了，現在去看一下，那些資訊過時了嗎？那是你搜尋其他人時，會想要看到的個人檔案嗎？

如果你不喜歡使用LinkedIn，你可以把它想成一張簡單的線上名片，亦即多數人都有、也預期其他人都有的東西。

4 大方分享

這世上隨處可見掠奪與自私的人，
所以無私為他人服務的少數人享有很大的優勢，
幾乎沒什麼對手。

卡內基
《卡內基溝通與人際關係》

想像你正慵懶地躺在高級度假勝地的泳池邊，讀著這本書。你獨自啜飲著新鮮的椰子水，這時突然聽到呼救聲。你看到一個人溺水了，腦中馬上盤算，要是你不去救他，他有五〇％的機率會溺斃；如果去救他，你們兩個一起溺斃的機率是五％。你會怎麼做？

研究顯示，我們已經進化成先天就想要救人的物種。那是因為，如果每個人都選擇去拯救溺水者，而且其他人也可能做出相同的反應（因為我們演化出相似的本能），那麼我們都降低了自己溺水的機率，我們的基因更有可能遺傳下去。

互利的演化

這種行為稱為「互利」（reciprocal altruism），而且這種行為不僅限於人類。一九三七年，梅瑞迪斯．克勞福德（Meredith Crawford）把兩隻小黑猩猩放在籠子裡，結果發現牠們在某些情況下也會互相幫助[1]。在實驗中，研究人員把一個沉重的盒子放在籠子外面，盒子上方放著食物。黑猩猩可以拉動連接箱子的繩子，把箱子拉近，以便取得食物。但箱子太重了，一隻黑猩猩無法獨自拉動箱子。為了得到食物，牠們必須合作。這兩隻飢腸轆轆的黑猩猩很快就學會一起拉繩子以取得食物。更有趣的是，只有一隻黑猩猩感到飢餓時，另一隻不想吃東西的黑猩猩也會幫忙拉盒子。儘管那隻飢餓的黑猩猩把所有的食物都吃光了，另一隻黑猩猩還是會幫牠，以換取未來更大的互利機會。

一九七一年，羅伯特．崔弗斯（Robert Trivers）為這種行為提出一套全面的模型。在一篇名為〈互利的演化〉的精彩論文中，他分析了有些鳥類不顧自身安危，即使叫聲可能暴露自身的位置，依然大叫以警告夥伴掠食者來了[2]。他也詳細描述有些魚會冒著被吃掉的風險，幫其他的魚清潔身體。例如，石斑魚是一種大型的掠食者，其大腦比人腦簡單。牠們演化出為了享有長期效益

（讓吃寄生蟲的清潔魚來替牠們服務）而犧牲短期效益（直接吃掉那些清潔魚）的模式。即使身體清潔完畢後，石斑魚為了以後繼續獲得清潔服務，也不會吃掉那些清潔魚。雖然我們可能認為這個世界是一個互相殘殺的競爭環境，但這個世界也可以是「魚幫魚」、人人皆贏的環境。

亞特蘭大葉克斯國立靈長類動物研究中心（Yerkes National Primate Research Center）的主任法蘭斯・德瓦爾（Frans de Waal）研究捲尾猴，以進一步探索動物合作的條件與對象。他的研究顯示，有所選擇時，捲尾猴喜歡幫助自己與一個同伴，更勝於只幫助自己。在他與同仁一起發表的論文中，他稱這種行為為「親社會行為」。他發現，當同伴是熟悉、可見、公平的，捲尾猴通常會選擇親社會的選項[3]。

我們認為親社會行為是以同理心為基礎。人類與動物的同理心會隨著社會親近度的增加而增強。在我們的研究中，親近的同伴會做出比較親社會的選擇。

你與社交圈的人關係愈深厚，他們愈有可能幫助你。

結合「人性的兩大力量」

人類對互利的認知需求更大。再回頭看看前面的例子，我們更有能力計算拯救溺水者的成本與效益。除了這種理性的能力以外，還會感覺到情感上的回報（那會影響我們提供的幫助類別）

與情感連結（那會影響所選擇的幫助對象）。我們「施與受」系統，比「一報還一報」的模式複雜許多。華頓商學院（Wharton School）的亞當・格蘭特教授（Adam Grant）在著作《給予》（Give and Take）中探討這個主題。他教我們如何表現大方分享並兼顧目標[4]：

> 多數人認為自利與他人利益是位於一個連續體的兩端。然而，我研究人們的工作動機時，一再地發現，自利與他人利益是完全獨立的動機：你可以同時擁有兩者。誠如比爾・蓋茲在世界經濟論壇上所說的：「人性有兩股強大的力量：自利及關心他人。」人們被這兩種力量的「混合引擎」驅動時，最為成功。如果索取者是自私的、失敗的給予者是無私的，那麼成功的給予者是利他的：他們關心他人的利益，但他們也有提升個人利益的雄心壯志。

「施與受」並不侷限於一對一的交易，沒有必要斤斤計較。你應該在不求回報下，與人脈圈的人真誠地分享。互利會使你人脈圈裡的人更有可能做出回應。給予他人的同時，自己也以一種正常與自然的方式受益。

你能提供什麼？

「你能提供什麼？」這句話，似乎連最有技能、最大方分享的人聽在耳裡，也感到不自在。如果你是拯救溺水者，或是石斑魚的體外寄生蟲，那麼助人的意義就很明顯了。但是套用在日常生活中，助人的想法似乎過於抽象天真。因此，很多人即使是給別人最簡單的東西，也會猶豫不決。

某天我和一位想換工作的高中同學閒聊時，才明白這個問題的嚴重性。他從事的工作很複雜，對那一行有深刻的了解。那份工作使他接觸到許多非洲國家，而且他的音樂知識像百科全書般廣博，他的侃侃而談也令我印象深刻。他已婚，有孩子，所以我們也分享了家人的事。與他閒聊相當愉快，但他卻難以培養人脈。我問他，為了加深人際關係，他可以分享什麼、做出哪些貢獻時，他停頓了一下，看起來好像很尷尬。儘管他有許多技能與經驗，但他不知道該提供什麼給別人，或如何提供。

你早就有寶貴的贈禮

卡內基寫培養人際關係的最好方法時，並沒有提到財富或高度專業化的技能。他的建議包括任何人都能做的事情：[5]

- 給予真誠的讚賞。
- 對他人真心感到興趣。
- 談論對方感興趣的話題。
- 做一個用心的傾聽者。

●鼓勵對方多談談自己。

●讓對方覺得自己很重要——真誠地這樣做。

法拉利稱這些作法為「通貨」，亦即任何人都可以給予、也願意接受的東西。它們很簡單，但效果強大。回想一下，最近一次別人對你的工作給予明確的正面迴響時，你是什麼感覺？或者，有人因為信任你而願意對你示弱，那是什麼感覺？那種情況多久發生一次？「通貨」可能是我們能給予他人的最寶貴贈禮。

如今有了社交工具，除了當面助人以外，現在要給予別人這些簡單的贈禮比以前更容易了。以下只是幾個例子：

●感謝某人。

●對你欣賞的工作給予公開、正面的迴響。

●撮合他人，讓他們彼此互惠。

你有那麼多東西可以給予他人，而且我們還沒提到你獨有的許多東西——因你的工作、教育、文化、生活經歷而獨有的東西。這只是一個開始，本書後面的第三部分會有更完整的貢獻指南，包括何時及如何提供那些東西。目前的重點是，讓你從更廣泛的角度，以人性的方式思考你能提供的一切。尼古拉為社群成員提供幫助；霍迪分享自己的設計；安雅與莎賓分享他們在工作中學到的事情；布蘭登發布相片。他們都做了有益、真誠的貢獻，並因此受益。

下面還有一個例子，一個人每天免費分享知識與經驗。雖然他已經很成功，也很富有，但他的貢獻依然幫他接觸到更多人與機會。

創投業者——弗雷德．威爾森

說到大方分享，大家可能不會聯想到創投業者。但弗雷德．威爾森（Fred Wilson）不是一般的創投業者。他是合廣投資公司（Union Square Ventures）的共同創辦人，那是一家位於紐約的創投公司，投資組合包括Twitter、Tumblr、Foursquare、Zynga、Kickstarter等網路公司。他也天天撰寫部落格。

他是四十二歲時開始這樣做的。過去十五年間，他在自己的網站avc.com上寫了超過八千篇的文章，吸引了近一千萬名不重複的訪客。他主要是寫科技與科技新創企業，並提出對創業者、投資者，以及任何對當前商業趨勢感興趣的人有幫助的見解。例如，有一個單元名叫「週一MBA」，那個單元針對人才招募、員工配股、擴大公司規模等多元議題，為創業者提供詳細的建議。他也分享個人經驗，從商業失敗到喜歡的音樂等等，五花八門。我很喜歡閱讀他每天的發文，威爾森本身也從發文中受益[6]。

我天天寫，這是我的紀律、我的實踐、我自個兒的事情。這樣做逼我去思考、表達、質疑，我也從那些文章獲得意見回饋。在按下「發布」鍵時，一股振奮感油然而生。每次都是如此，每次都跟第一次一樣，那股力量出奇強大。

儘管多數創投業者本來就有極佳的人脈，威爾森的每日發文讓他接觸到比其他方式更廣泛的受眾。除了數百萬次的網站點擊數以外，還有一萬多人留下十五萬則以上的留言。威爾森稱他們為「AVC社群」，這個社群討論問題，推動立法，也資助公益理念。那個社群甚至促使威爾森去探索一個與創投事業截然不同的機會：公立學校的教育[7]。

幾年前，我在部落格上發了一篇文章，講的是我們需要教中學生如何編寫軟體。在留言區（好事發生的地方），一位Google工程師叫我去史岱文森高中（Stuyvesant High School），見一位叫麥克·贊曼思基（Mike Zamansky）的老師。他說，那個老師在高中教他寫程式。於是，我那樣做了，也因此開始在紐約的公立高中系統中了解我們的電腦教育。我發現，除了麥克在史岱文森高中教程式撰寫，以及其他幾個小型課程以外，這類課程並不多。所以，我開始在紐約市的公立學校系統中推廣電腦科學與軟體工程。

後來，威爾森還出資，促成了紐約市市中心的第一所軟體工程學院（Academy for Software Engineering）。

給予是讓工作與生活變得更美好的方式

另一位與威爾森看法相同的創投業者是霍夫曼。他寫了一篇文章，標題是〈以誠信互連〉。他在該文中描述，為什麼大方分享很重要：[8]

> 我相信，世界上最有成效的人，往往是那些建立與培養最佳盟友的人。
>
> 培養盟友的一種方法，是及早明確地表示你是真的有心，讓對方知道你是真的想幫他。我給這種作法取了一個名字：「小禮物理論」（theory of small gifts）。培養人際關係、為每個人創造更多的價值，而且不求回報，有許多小方法。例如，你可以主動把某人介紹給你認識的其他人，如果你介紹的對象挑得好，你可能為那個人做了一件很有價值的事情……。
>
> 這聽起來似乎有悖直覺，但你的心態愈是「利他」，你從那段關係中獲得的效益愈多。如果你堅持每次助人都要有回報，你的人脈會愈來愈狹隘，機會愈來愈有限。相反的，如果你的出發點是助人，光是認為那樣做是正確的，你就能迅速鞏固自己的聲譽，增加你發展的機會。

威爾森、霍夫曼、法拉利、卡內基都不是純粹的利他者，他們都經營著成功的事業，非常清楚他們能分享的資源有限。但是，他們就像所有採取互利行動的物種一樣，知道大方分享可以增加自身長期成功的機會。這是為什麼「大方分享」是WOL的要素，也是為什麼法拉利會說：

「人脈圈裡的真正通貨不是貪婪，而是大方分享。[9]」

你不知道人脈圈裡的哪些人將來會幫助你，所以在一切人際互動中，你總是抱著大方分享與同理心與人互動。下一個元素「工作能見度」會進一步拓展你可以貢獻的東西，並教你怎麼做。

本章重點

- 自利與利他是完全獨立的動機：你可以同時兼顧兩者。
- 你已經有最寶貴的贈禮可以給予他人。
- 連富有又成功的創投業者威爾森也覺得，他可以藉由給予一系列的小禮物，來培養更多元的人脈，接觸更多的機會。
- 這種作法看似有悖直覺，但你的心態愈利他，從人際關係中獲得的效益就會愈多。

練習

一分鐘習題

在推特或LinkedIn發布：「閱讀@johnstepper寫的《WOL工作法》。」

這就是給予關注的一個例子。（非常感謝！）如果你以@的方式提到我，我會收到通知並回應，同時讓你看到這短短幾個字就能創造出原本不可能的連結。

五分鐘習題

在推特或LinkedIn上公開感謝別人做的事情。

公開的迴響可以讓大家知道，某人做了值得你感謝的事情。你這樣做不是為了獲得回應，而是因為這是一件好事。如果有人真的回應了，那是額外的驚喜。

例如，我在推特上說，我很喜歡手邊正在閱讀的《過得還不錯的一年》（The Happiness Project）。那是葛瑞琴・魯賓（Gretchen Rubin）的出色著作。她的回應令我很開心，其實只要知道我正在與自己的圈子分享實用的資訊就心滿意足了。

John Stepper
@johnstepper
Follow
50 pages into "The Happiness Project" by @gretchenrubin & I'm wondering "Why the hell did I wait so long to read this awesome book?!"
8:16 AM - 17 May 2014 from New York, NY
1
Gretchen Rubin @gretchenrubin · 18 May 2014
Replying to @johnstepper
@johnstepper Terrific -- so happy to hear that --

5 工作能見度

澳洲西部的鯊魚正在發推文，
讓大家知道牠們的所在位置。

余志堅（Alan Yu）
美國國家公共電台（NPR）

有一段期間，全球二十起致命的鯊魚攻擊案中，有六起發生在澳洲。那裡的研究人員因此想找更好的方法，好讓該區的游泳者更清楚知道鯊魚的位置。

於是，他們讓鯊魚上推特了。

不久之前，游泳者知道附近有鯊魚的唯一方法是，附近有人發現鯊魚並大叫「有鯊魚！」但是要等到有人大喊他看見大背鰭，那實在太可怕了，也沒什麼效果。我們需要一種更好的方法來得知鯊魚就在附近，也需要一種更好的訊息傳播方式。

這促使研究人員以傳感器標記了數百條鯊魚。現在，只要有一條被標記的鯊魚來到離海灘不到半英里的地方，傳感器就會向西澳衝浪救生俱樂部（Surf Life Saving Western Australia）那個推特帳號的四萬五千名關注者發送警告訊息，告知鯊魚的種類及大概的位置。這個組織以及其他海灘安全與鯊魚保護組織（例如南非的鯊魚偵察組織〔Shark Spotter〕）也依賴在追蹤站值勤的人來發現鯊魚蹤跡，並使用Twitter傳播消息。

既然鯊魚能做到……

這個故事的重點，是要證明在網路上讓大家看見是多麼容易的。當然，你也可以選擇不曝光。有些人不用社交工具就發展出很好的職涯與生活。使用Twitter與其他社群媒體也不會消除人際對話的需要（如果你在我附近游泳時看到鯊魚，請先大叫：「有鯊魚！」再發推文）。但使用這些技術可以進一步放大你是誰、你做什麼，擴大你人脈圈與職涯可以接觸

Surf Life Saving WA
@SLSWA
Follow
Fisheries advise: tagged Tiger shark detected at Warnbro Sound receiver at 10:18:00 PM on 16-Jan-2014
6:19 AM - 16 Jan 2014
5 Retweets 5 Likes
2 5 5

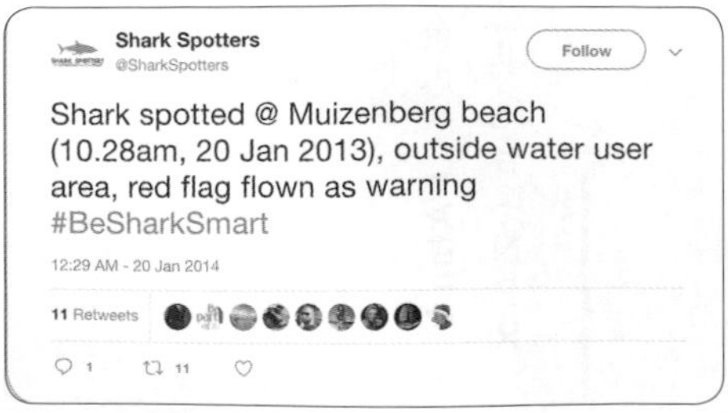
Shark Spotters
@SharkSpotters
Follow
Shark spotted @ Muizenberg beach (10.28am, 20 Jan 2013), outside water user area, red flag flown as warning #BeSharkSmart
12:29 AM - 20 Jan 2014
11 Retweets
1 11

到的機會。若能有效運用，我們在社交工具上的互動可以補充卡內基與法拉利所寫的人際往來基礎，顯著地擴展我們的影響範圍。

本章的例子是以我在大型全球企業中使用協作平台的經驗，以及使用公開社群媒體的經驗為基礎。這些例子顯示，讓大家看見你與你的工作，可以幫你解決問題、創新，讓你對每天所做的事情感覺更好。

雖然這些好處顯而易見，但我還是經常聽到以下這兩種反對意見：

第一種常見的反對意見：「我不喜歡社群媒體」

我知道，有些人基於充分的理由，對社群媒體有反感，尤其是臉書或推特這類公開的社群媒體平台。也許你認為那些工具是浪費時間，或者有害。而你可能是對的。

如果你有這種感覺，請放心，**你不必使用社交工具也可以落實WOL**。你可以靠親自解說或利用電子郵件，讓別人看到你做的事情（本章末尾提到的瑪麗就是一個很好的例子）。工廠與醫院的員工甚至沒有公司的電子郵件帳號，或無法在工作中使用電腦，他們是採用WOL圈的改編版。我之所以列舉這麼多使用社交工具的例子，是因為它們不像面對面交流或電郵交流，可以讓你接觸到更多的人，包括你不認識的人。此外，你分享的東西將來也會有其他人發現。如果你堅信社交工具不適合你，沒有關係，你可以從自己熟悉的方式開始。

第二種常見的反對意見：「我很內向」

蘇珊．坎恩（Susan Cain）的TED演講「內向者的力量」，有兩千四百多萬人點閱：[1]

在一個重視社交與外向的文化中，身為內向者可能很辛苦，甚至很丟臉。但是……內向者為這個世界帶來非凡的才華與能力，應該獲得鼓勵與讚揚。

坎恩在著作《安靜，就是力量》（Quiet）中提出一個有力的論點，她認為「外向理想的興起」貶抑了一大群以低調方式思考及工作的人：[2]

我們認識的人中，至少有三分之一是內向的。他們喜歡聆聽更勝於訴說，喜歡閱讀更勝於聚會；他們創新與創造，但不喜歡自吹自擂；他們喜歡獨立工作，更勝於團體腦力激盪。儘管內向者常被貼上「安靜」的標籤，但社會上許多卓越的貢獻是來自這些內向的人——從梵谷的〈向日葵〉到個人電腦的發明都是如此。

當然，我們不能排除或貶抑別人。然而，如果你自認是內向者，那麼WOL對你會特別有用，為什麼呢？因為二十世紀大部分的時間裡，想在工作中獲得關注，通常需要大膽說出來。無論是在少數人的小型會議中，還是在數百人的大型會議上，你都必須想辦法讓別人知道自己的觀點。要做到這點，你公開說話時必須言之有物，也需要更善於社交或積極主動。也就是說，你必須是坎恩書中所述的「外向理想」（Extravert Ideal）。

但WOL強調的是大方分享，而不是自吹自擂。「工作能見度」這個要素不是在強調你這個人，而是把你做的事情塑造成一種貢獻，一種可能對他人有幫助的東西。

當我在公司內部推廣「企業內社群網路」（有社交功能的協作平台，例如可分享與留言）時，我問那些自認為內向的人怎麼看這些工具，他們談到了使用社交工具的好處：

- 「參與網路平台比現場參與來得容易。」
- 「我在網路上比在現實生活中更有自信。」
- 「在網路上與人交流所付出的情感能量，和現實生活不一樣。」

我有一位同事形容自己是「一〇〇%的內向者」，她的說法又更進一步：

> 這工具幫了大忙，少了這種工具，沒人知道我是誰或我在做什麼。而我會一直窩在辦公隔間裡，因為我不夠外向，無法走出去以典型的外向方式做事。網路工具給了我一個安全又可控的環境來展示我自己與我的工作。

坎恩是對的，我們需要內向者。我們需要更重視一個人的想法，而不是他在大眾面前侃侃而談的樣子；更重視他的貢獻，而不是他的社交技能——這些都是WOL可以幫上忙的。

工作時愈來愈常運用社交工具

社交工具包括線上社群、部落格、推特、臉書、公司內部的協作平台，以及愈來愈多幫大家展現工作及建立連結的技術。而每種工具各有其特性與優點。例如，相較於傳統的內部網路和電郵，尼古拉、瑪拉和我使用的協作平台擁有更多的功能優勢，因為它可以搜尋更深的結構化專業知識，也可以搜尋一些易於瀏覽的資訊流，使發掘人才與知識變得更簡單。

《企業二・〇》（Enterprise 2.0）的作者安德魯・邁克菲（Andrew McAfee）寫了社交工具在公司內部的運用，以及它們如何「同時推進你自己的工作，讓你的存在與專業在數位社群中更廣為人知，也讓整個組織受益」[3]。那本書出版的前後，更多人開始寫到「敘述你的工作」[4]及「可觀察的工作」[5]。威廉斯在部落格中寫了一篇文章談〈WOL〉[6]。我也試圖為公司引進一套企業社群網路。

大幅改善完成事情的方式

當時我們的努力並未引起很大的興趣。儘管一些同事對我導入銀行的新社交工具很感興趣，但多數人覺得平常已經忙死了，沒必要再為自己增添一項任務。有些人甚至在一知半解下，就把那個東西貶抑成「企業版臉書」。連那些習慣使用社群媒體的人也把那些工具拿來當消遣用，沒想過把它們應用在日常工作中。

然而，久而久之，我們逐漸了解如何以更方便、更自在的方式來開發這些平台的潛力。為了向心存疑慮的員工說明我們的論點，我們學到的第一件事是：停止使用「社交」這個詞，而是談個人與團隊每天做的工作。我們是從他們已經在用的最常見工具開始談起：電郵與會議。以下是我們分享的一些統計資料：[7]

- 專業人士、管理者、銷售人員花二八%的時間讀或寫電郵。
- 他們會再花一九%的時間追蹤資訊。
- 人們每小時查看電郵三十六次。

多數人可以從這些統計數字中看到自己，也看得出來改變這些數字對自己與公司都有好處。不僅他們的個人時間充斥著干擾與低價值的活動，他們對公司的了解只存放在收件匣中。公司裡的其他人無法搜尋那些知識，或以那些知識為基礎做進一步的發揮。所以那個人離職後，那些知識等於人間蒸發了。因此，說「電郵是知識消亡的地方」一點也不誇張[8]。

接著，我們開始討論替代方案。即使多數人上班時不習慣寫部落格或上推特發文，但他們會寫報告、做簡報、籌劃會議、出席活動、投入專案。他們從書本、課程、同事的身上學習。所以，我們會示範社交工具如何讓大家看見他們做的事情，使那些事情變得更有效。那不是要求你做更多的任務，或是把社交活動塞進已經爆炸的待辦清單上，而是為了增加知識的供給與需求，以提升每個人的工作成效。

提高工作能見度的實質效益

在《重塑組織》（Reinventing Organizations）中，弗雷德里克．萊盧（Frederic Laloux）分享了一些「在合作中獲得非凡突破」的公司案例。總部位於荷蘭的開創性醫療保健組織博祖克（Buurtzorg）就是這樣的公司。它與一般的組織階級結構不同，是由數千個自我管理的團隊所組成的，每個團隊「決定如何組織工作、分擔責任、做決策」[9]，成果驚人：[10]

- 客戶滿意率是所有醫療機構中最高的。
- 員工敬業度高。過去五年間，博祖客四度獲選為最佳雇主。
- 效率更好，把荷蘭醫療體系的成本降低了四〇％。

以下文字節錄自畢馬威會計師事務所（KPMG）的個案研究：[11]

本質上，這個專案是授權給護理師（而不是護理佐理員或清潔員），讓他們為病人提供一切照護。雖然這表示每小時的成本較高，但總時數減少了。事實上，改變護理模式後，博祖克把護理總時數減少了一半，改善了護理品質，也提高了員工的工作滿意度。《重塑組織》中的案例幾乎都是依賴某種協作平台或內部社群網路，而且那些組織都有激勵員工做出貢獻的企業文化[12]。

從創立之初，博祖克的創辦人喬斯・德布洛克（Jos de Blok）就想像「博祖克網」（BuurtzorgWeb）會成為公司自我管理的關鍵。另一種替代方案是把知識集中於一群專家，那可能效能較差，成本較高。而且最重要的是，那樣做會破壞博祖克旗下護理師的自豪感，因為他們覺得自己是專家，集體擁有可以相互傳授的寶貴知識。

在博祖克，這幾千位護理專業人士集體擁有極廣泛的醫療與技術知識。他們的內部社群網路可以幫員工找到具有特定專業的同事，也讓他們直接在類似臉書的資訊流中發問，並在幾小時或更短的時間內獲得解答。他們也可以在線上整理知識，讓其他人下次可以更快找到答案，並不斷改進。

我在公司裡第一次導入社群協作平台時[13]，那還是很新奇的事物。但現在幾乎每個公司都有某種互動式的內部網路，讓員工得以撰寫及儲存檔案，建立小組與網站，發起討論，建立活動等等。多數網路也允許你對任何東西留言及按讚，並看到你的一切更新以類似臉書或推特的資訊流形式呈現。

在短短兩年多的時間裡，我們公司就有五萬人經常使用這個社群平台，最終的使用人數達到十萬人。有些員工只是用它來搜尋資訊，有些員工是以它作為跟團隊分享工作的方便工具。每個月我們都會訪問幾位積極提升工作能見度的人，問他們為什麼那樣做，以及工作對他們的影響。他們提到的效益主要分為四類：

- 能見度更高。
- 獲得實用的意見回饋。
- 變得更有效率。
- 更喜歡工作。

能見度更高

珍妮佛的說法一語道盡了多數人的感受：「這個平台讓我更容易與原本不可能認識的人相連，也更容易從新的地方獲得資訊與知識。」在公司另一部門任職的威爾說：「使用這個平台讓我認識很多不同產品線的人，幫我更了解公司不同的事業領域。你可以看到許多其他部門原本看不見的人才。」

他們發現，提高工作能見度可以幫他們在更廣泛的受眾面前塑造聲譽。德國的安德利亞說：

「平常接觸的同事會尊重我的專業，但更高層的管理者或沒有直接接觸的人不會肯定我。」老闆要求他「展現更多的存在感」。他藉由上平台回答問題及幫助他人，達到了老闆的要求。「我參與全球討論，並運用專業幫助大家。」

獲得實用的意見回饋

一位已經很擅長溝通的高階管理者發現，相較於傳統的通路（包括電郵），上社群平台可以擴大接觸範圍，獲得寶貴的意見回饋。「我們一上社群平台，就開始接觸到更廣泛的受眾，並獲得大量的意見回饋。我因為WOL而認識的人實在太可觀了。」對有些人來說，收到的意見回饋可以幫助他們改善工作。一位經理幫他的團隊在協作平台上展現工作，他說：「我們的態度從『小心使用』變成『在特定情況下使用』，最後變成『堅持每個人都要用它和利害關係人互動』。」原因是，那樣做的工作效果更好：

> 對於你試圖解決的問題，你可以得到許多不同的觀點，因此促成更好的決定……我們透過平台尋求及獲得意見回饋，工作品質因此改善。而且，WOL確實有助於推動一種協作、功績導向的績效文化——它讓團隊更容易看到每個人在做什麼，也更容易幫助他人達成目標。

最後一部分提到「更容易看到其他人在做什麼」，這正是促成組織內跨部門協作與創新的關鍵。WOL幫公司增加內部的知識供給與需求。當大家可以在內部網路上看見更多人的工作時，會有更多的員工習慣上網路搜尋以前試過的事情，這樣一來，比較不會重複做同樣的事情，也不會犯下同樣的錯誤，更有可能建立促進工作完成的連結。

變得更有效率

我們的團隊原本就預期看到前兩項效益，也很高興看到大家確實獲得那些效益。但我們想看到更多的成效，想幫大家提高工作效率，所以聽到蜜雪兒的分享時，我們都很開心，她說：「一旦你與那些對你有價值的人或團體建立了連結，你就能看到正在發生的事情，那對你的工作有幫助。」對她來說，目的不光只是建立連結而已，而是與那些能幫她把工作做得更好的人士建立連結。艾倫提到，以前她需要以電子郵件寄送試算表給很多人，還要處理許多人傳來的更新資料。自從公開上網分享工作後，每個人都可以看到什麼東西更新了、什麼沒更新。「原本繁雜的流程變得更有效率，而且相關人士都可以看見。我的老闆即使出差到某處，他也可以隨時看到最近更新的狀態。他不需要打電話問我答案，所有的資料都上網了。」在尼古拉的社群以及其他角色導向的社群中，我們常看到專家聚在一起解決問題及改善流程。因為那些東西都是公開的，其他人可以輕易找到，並進一步加工。

有些讀者可能覺得這些能力不是什麼新鮮事，沒錯！但誠如威廉・吉布森（William Gibson）的名言所說的：「未來已經到來，只是分布不均。」多數職場更是如此。

更喜歡工作

第四種效益令我訝異。有些人——不是所有人，但為數不少——開始變得更喜歡工作。我自己也變得更喜歡工作了，但我想那可能是因為我無意中發現了一些特別有成就感的工作。其他人更喜歡工作的原因不一樣，例如，協作平台使工作變得更容易，與公司裡其他單位的人聯繫時感覺很好。我最喜歡的說法是來自德瑞克，他對於社群平台提升工作能見度的強大威力，產生了某種頓悟。於是，他在平台上發布了以下的訊息：

在公司任職二十六年來，這是我見過最好的東西。

我知道這個平台的存在，可能也造訪了幾次，但從來沒在上面發言，因為我覺得沒有必要。這想法真是錯得離譜。後來我與老闆做了一次坦率的談話後，我意識到我需要多「推銷」自己……在這裡任職二十六年來，我在幾個國家擔任過不同的角色，從來沒想過需要我技能的人可能不認識我。我又錯了。

所以，那次坦率的對話在我的腦中浮現。我心想，那就好好「推銷」自己吧！我思考該怎麼做，社群平台碰巧就在眼前。

我很快就意識到，重點不是推銷自己，而是推廣一切。

於是，我開始頻繁地使用社群平台。在那三、四週裡……

● 我幫助了一些人。

● 與一些不認識的人對話。

● 結識了一些朋友（目前有二十六個跟隨者）。

● 我有一些新的LinkedIn連結。

● 我公開了一些與工作相關的供應商資訊。

● 我追蹤了三十五人，現在我覺得我認識了一些人。

我推銷自己了嗎？我想，我確實推銷自己了，但是以一種不錯的方式進行。我確實覺得自己對公司的貢獻變多了，其他人也知道我是誰，知道我能為公司做些什麼。

保羅：工作上更有影響力、更受肯定，也更有樂趣

保羅覺得他從社群平台上獲得了上述四種效益。他剛開始使用社群協作平台時，已經四十幾歲了，在一個通訊小組裡工作。他是那種不太談論自己、在社群媒體上也不太活躍的人。他一開

始只發布與個人專案有關的內容，例如，如何降低公司內部網路的成本。他的目標受眾是一個線上的通訊社群，類似霍迪參與的線上無人機社群。起初，只有少數人給予他支援、建議，以及把他寫的東西推薦給其他可能感興趣的人。但每當有人對他的提案按讚或留言時，就有愈多人注意到他與他的工作。

每次有人幫他時，保羅就會利用那個協作平台，公開感謝對方，好讓口碑進一步傳播，也激勵大家多幫助他。短短幾個月內，他就在網上發起一場小型活動，為公司省下五十幾萬美元。他說：「相較於透過傳統管道，我完成這個活動的速度可能快了十倍。」愈來愈多人（包括另一個事業部的總經理）透過他在線上展現的工作認識他。他們見到他時會說：「我認識你，我常在平台上看到你的名字。」

回顧過往，這其實是讓大家「認識」你的好方法。現在有人主動來找我，因為他們聽到我的名字與某個專案連在一起。在我們的合作平台上，你可以為自己打造個人品牌。

保羅的個人品牌不是自己瞎掰或靠聰明的自我行銷打造出來的，而是以他的工作以及其他人從他的工作中看到的價值為基礎。他培養人脈、徵詢意見與點子的能力，提升了他的工作成效。因為有這些成果，老闆要求他承擔額外的職責，那些職責遠遠超出了他原本的角色。他的團隊甚至憑著創新方法贏得一項產業大獎，擴大了他在公司外面的聲譽。

瑪麗：擴展了自己的世界

本章的多數例子是以組織內部的協作平台為基礎。但是，如果你的公司沒有協作平台，或你不是在大公司工作，那怎麼辦呢？又或者，你還沒準備好讓大家看見你的工作，那該怎麼做？我自己的WOL圈裡有一個實例可以說明，即使做小小的改變，也能增加你成功的機率，並促成其他的改變。

瑪麗是紐約市的鋼琴老師，對孩子很好，也是個才華橫溢的音樂家。儘管她身型嬌小，演奏樂器時，全身都會散發出強烈的熱情與活力。然而，某晚，我們那個WOL圈聚在一起談論工作時，她說了一件令我們吃驚的事。

我的世界太小了。

怎麼可能呢？瑪麗的學生很喜歡她，她似乎也很喜歡自己的工作。但那天晚上她告訴我們，她渴望與每週見面的家庭以外的人交流。她說，她最喜歡做的事情是作曲，她想在那方面多做一些。儘管她很喜歡教鋼琴，但還是希望大家能聽到她創作的音樂。

瑪麗不太喜歡拋頭露面或談論自己的工作。她生性害羞，覺得自己的英語不夠好（她的母語是日語）。要她撰寫部落格或在YouTube上開立一個頻道，對她來說太難了，她覺得自己「不是那種人」。

在我們的WOL圈裡，她是從小步著手，先寫下她以前在音樂學校認識、後來失去聯繫的人名清單，重新聯繫其中的一些人。她開始扮演網路偵探，尋找可能對她的音樂感興趣的人。她就是靠這種方式找到需要配樂的獨立電影導演。她花了幾週的時間才鼓起勇氣寫電郵給某位導演，並分享她創作的一個片段：「我很喜歡你的電影，我覺得我創作的音樂可能對你有些用處。」那封信促成了他們的通信往來，後來就一起合作了。

那個WOL圈結束後，後續幾年，瑪麗繼續採取更多的行動。她開始嘗試使用iTunes、YouTube、Spotify和其他工具，並在網路上發布了一張專輯。波士頓一個青年樂團演奏了她創作的一首歌：鋼琴三重奏。她有一首獨奏曲贏得了「當代鋼琴」國際比賽，還有一首歌被收錄在RMN Classical的新選輯中[14]。

瑪麗告訴我：「你讓我的世界變大了。」但那不是我的功勞。她是在一個可靠的小圈子協助下，自己辦到的。那次經驗讓她有信心說出自己的目標，並採取行動去實現目標。

把焦點放在貢獻上

某天，我在附近的「詩人之家」（國立詩歌館兼文學中心）工作，注意到一些展出的詩歌是孩子寫的。例如，小學四年級的艾倫寫了一首有關自由女神像的詩；珍妮絲把紐約比喻成灰態；利亞寫了一首有關移民的詩，並把標題取為〈歡迎新美國人！〉（「歡迎移民！你們是進口品！」）我拍下照片，在Instagram上分享其中一首詩，並提出一個問題：

有沒有注意到，多數孩子喜歡自豪地展現作品，多數成人反而不這樣做？

一位朋友留言：「因為孩子還不怕遭到否定。」

那句話讓我想到為什麼有些人抗拒展現工作，那樣做可能令他們感到恐懼。就像WOL的目的不是為了大聲宣傳與自吹自擂，WOL也無關他人的認同或否定。你的意圖不是期待掌聲或其他回應，你只是想貢獻一點自己的東西作為贈禮：

我試了這件事。

我做了這件事。

我學了這件事。

我喜歡這件事。

希望你喜歡或覺得它有用。

我喜歡把「WOL」想成你聽別人大聲朗讀詩歌或短篇故事，或你朗讀一本書給孩子聽的那種感覺。那種「秀出來」，可以讓工作生動起來，而且分享可以作為連結的基礎，使得彼此更加親近。

你分享多少、如何分享、跟誰分享都取決於你。重點是，現在提高你與工作的能見度比以前更容易，更稀鬆平常，而且還可以帶給你實質的效益。下一個、也是最後一個要素是「成長心態」，它可以幫你持續練習，直到WOL變成一種習慣。

本章重點

- 鯊魚的故事顯示，在網路上讓大家看見有多容易。
- 貢獻就像丟進池裡的鵝卵石，激盪出漣漪，可以讓你接觸到更多的人與機會。
- 提高工作能見度可以幫你建立更多的連結，改善工作品質，變得更有效率，更喜歡工作。
- 人們展現工作時，有些人是展現成品，有些人是描述工作進度。例如，「我是這樣做的」、「這就是我做的與為什麼」、「這是我學到的，可能也對你有幫助」。
- 社交工具是一種方法，而不是目的。你不是非得使用社交工具不可，但是在網路上分享可以擴大你是誰及你做什麼，擴展你的影響範圍，擴大你分享的內容及分享方式。
- WOL不是為了大聲宣傳或自吹自擂，你只是想貢獻一點自己的東西作為贈禮，是為了助人，不期待掌聲。

練習

一分鐘習題

想像某人在一場會議或活動上遇到你，然後上網搜尋你，以尋找你的聯絡資訊或想進一步了解你這個人。你想讓他找到什麼？

無論你當下在哪裡，用你的手機或你最喜歡的上網裝置來搜尋你自己。你所看到的搜尋結果，是你希望別人看到的嗎？你有多少最好的作品是大家看得見的？

五分鐘習題

幾年前我上網搜尋自己的名字John Stepper，失望地看到只有一篇舊文談到我以前做的事情，以及一些運動用的踏步機（stepper）。現在搜尋我的名字，可以看到我自豪的工作成果。

上網搜尋你覺得特別有趣的人——那些你欣賞其工作的人，而不是名人。他們在網路上的形象是什麼樣子？要找到他們及他們的工作很容易嗎？

6 成長心態

在我的職業生涯中，有九千多次投籃沒進，輸了近三百場比賽。
有二十六次，大家把希望寄託在我身上，
讓我投出致勝的關鍵一球，但我失手了。
我的一生充滿一次又一次的失敗，
正因如此，我成功了。

麥可．喬丹（Michael Jordan）
Nike 廣告

培養成長心態是少數幾件我們同時教導學生，也教導各年齡層員工的事情。我在兒子的小學及戴姆勒（Daimler）那種大企業的大廳裡，都見過鼓吹成長心態的海報。那是一種持續改進的心態，也是讓WOL持久進行的一大要素。原因有三個：

1. 專注**變得更好**，而不是只**追求優秀**。這樣做通常可以減少與努力改善工作或人際關係有關的恐懼，使你嘗試與學習更多。
2. 久而久之，能力的提升會為你帶來自信，使你更有可能進步，也會促使你分享更有價值的東西。
3. 當你試圖精進自己時，你會與他人分享學習成果，讓別人也能受惠。這樣做強化了「大方分享」要素。

為了幫大家了解如何養成一種有效、持久的成長與精進方法，其實我們可以從一群十歲孩子的身上學到很多。

專注學習帶來根本差異

哥倫比亞大學的研究人員卡蘿・杜維克（Carol Dweck）與克勞蒂亞・穆勒（Claudia Mueller）對美國中西部一個小鎮及東北部幾個城市的五年級學生進行研究，以了解不同的讚賞方式對學習動機的影響。在一項一九九〇年代末期的研究中[1]，他們給孩子三組問題：一組簡單，一組很難，另一組也很簡單。做完第一組問題後，研究人員分別告訴每個學生，他至少解開了八〇%的問題（不管實際答題結果如何）。研究人員讚美一些學生的能力（「你一定很聰明！」），讚美另一些學生的努力（「你一定很用功！」）。接著，研究人員問每個孩子一系列問題，例如，他們有多喜歡解題，以及他們希望在下次測試中看到哪種問題。

第二組問題很難，研究人員告訴每個孩子他的成績「差了很多」，只解開不到一半的問題。研究人員再次詢問孩子，他比較喜歡哪種問題，以及他是否願意做更多那種問題。研究人員也問孩子，為什麼第二組的答題成績較差。是他們不夠努力呢？還是學得不夠好或時間不夠？最後，孩子都做了第三組問題，第三組問題和第一組一樣簡單。

研究人員的目的是衡量，答完第一組問題後的不同讚賞，會不會影響孩子因應第二組解題時所面臨的挫折。他們做第三組問題時，成績會不同嗎？他們會選擇比較容易的問題嗎？他們對自己的看法會變嗎？

許多研究一再顯示，不同的讚賞對孩子的表現有巨大的差異。被稱讚「聰明」的孩子，第三組成績比第一組差了二五％。被稱讚「努力」的孩子，第三組成績比第一組好了二五％。這是令人難以置信的差異。更妙的是研究人員發現的其他差異。那些因智力受到讚揚的孩子，把成績視為能力的象徵，所以他們竭盡所能提高自己相對於其他孩子的成績。他們會挑選比較簡單的問題，詢問其他人的成績，甚至比其他孩子更「扭曲」自己的分數。他們有固定的思維模式，容易把智力描述為一種與生俱來、無法改變的特質。

然而，那些因努力而受到讚揚的孩子，則把成績視為努力程度的象徵，所以他們盡最大努力去學習，選擇比較有挑戰性的問題，對解決方法比較感興趣，對其他學生的成績不是那麼感興趣。他們有成長心態，認為智力是可以提高的。

你練習WOL時，應該像那群被稱讚「努力」的孩子一樣，抱著成長心態。培養人脈、讓大家看見你的工作、大方分享，都不是你先天就擅長或不擅長的事。你只是處於學習與精進過程中的某個點，無論你想發展什麼技能，只要你把進步想成一個學習目標，不必擔心當下的優劣，把焦點放在持續改善上，你就會有更大的進步，也不會那麼焦慮。

精進任何事情的方法

愛伯特．班杜拉（Albert Bandura）是研究成果最多人引用的心理學家之一，他開發出「引導式精熟法」（guided mastery）。這種方法對於培養新能力極其有效，也是本書第三部分的基礎。我們將在第三部分說明如何運用WOL朝著個人目標邁進。

一九六〇年代，班杜拉用這種方法在幾個小時內就治癒了一些人的懼蛇症。他讓患者接受的治療是「結合逐級的現場示範與引導參與」[2]。首先，有懼蛇症的人是透過一面單向鏡，觀看實驗人員與蛇互動十五分鐘。蛇回到玻璃箱後，研究人員把患者帶進房間，坐在椅子上，椅子離玻璃箱的距離會逐漸改變。實驗者會逐步示範愈來愈多的人蛇互動，並協助患者逐漸把椅子往前移。患者可以根據自己怕蛇的程度，來設定移動椅子的速度。在克服恐懼的過程中，患者也注意到其他變化。

> 成功消除困擾他們大半輩子的恐懼症之後，許多參試者表示，他們的自信也增加了，可以有效因應其他令人恐懼的事件。一位參試者解釋：「逐漸克服對蛇的恐懼後，我對自己克服任何問題的能力更有信心，自信心更強了。」

簡言之，這種感覺是一種高度的自我效能感（self-efficacy），堅信自己可以完成一項任務或目標。有這種信念的人，就像前述研究中的五年級學生一樣，會體驗到廣泛的效益[3]。

> 強烈的效能感可以在多方面提升一個人的成就與幸福感。對自身能力有高度自信的人，把困難的任務視為需要駕馭的挑戰，而不是需要迴避的威脅。這種效能觀點可以培養內在興趣以及對活動的深入關注。他們為自己設定有挑戰性的目標，並致力完成目標。面對失敗時，他們加強並堅持努力下去。在失敗或挫折後，他們會迅速恢復效能感，把失敗歸因於努力不足或缺乏可獲得的知識與技能。面對威脅時，他們確信自己能夠駕馭那些情況。這樣的效能觀點能促成個人成就，減少壓力，避免陷入憂鬱。

使用WOL的人也有同樣的自我效能感。他們在培養經常與人脈圈分享的習慣時，不僅提升了自己的效能，也跟大家變得更熱絡，對自己更有信心。例如，喬伊絲模仿別人在社群媒體上的作法，自己嘗試一些事情，逐漸覺得自己也辦得到。霍迪藉由觀察別人的作法，分享自己的無人機設計，獲得如何改進設計的意見回饋，因此得到「引導式精熟法」的效益。在班杜拉提出「引導式精熟法」四十多年後，數百萬人運用新的「引導式精熟法」來提高自我效能，同時精進各種事情（從藝術史到寫Python程式等等）。

幫助孩子學習的現代版「引導式精熟法」

二〇〇四年，波士頓一位擁有MIT三個學位及哈佛MBA學位的避險基金分析師，開始在紐奧良指導表弟功課。他名叫薩爾曼．可汗（Salman Khan）。為了補充課程，他把一些影片上傳至YouTube。表弟告訴他，比起現場指導，他們更喜歡看影片，因為他們可以按照自己的步調，在方便的時間觀看影片。令他驚訝的是，其他學生無意間發現那些影片，還留言表示那些影片相當實用，於是他繼續針對更廣泛的課程錄製影片。

久而久之，觀眾的數量不斷增加，而且他們也會針對哪些內容有效、哪些內容無效，提供更多的意見回饋。於是，可汗把目標從輔導表弟功課，變成幫助世界各地的孩子，可汗學院（Khan Academy）就此應運而生。他堅持不懈，上傳了成千上百支課程影片。隨著課程規模的擴大，觀眾與機會也跟著增加。他的工作開始吸引學校老師以及其他對改善教育有興趣的人關注。為了補充那些影片內容，可汗學院後來製作了軟體，幫學生追蹤學習進度及需要加強的地方。接著，他們也為老師設計一個控制台，以便在課堂上使用可汗學院的教材。孩子可以在上課前先看影片，這樣一來，老師就可以根據控制台顯示的資料，把課堂時間拿來因材施教。更多的意見回饋，促成了更多的點子與改進，例如，讓學生當小老師，在過程中累積點數與徽章。老師的教學也會得到意見回饋，他們也可以因此改善教學方式。

以下文字節錄自可汗學院的願景宣言[4]。對學生和老師來說，這些文字都呼應了班杜拉的「引導式精熟法」：

我們對可汗學院的課程有以下的願景：

- 個人化的學習，以自訂的學習步調取代一體適用的課程。
- 以逐步熟練的方式學習關鍵知識與技能（每個學生可以針對每個概念盡量投入時間，直到融會貫通為止）。
- 營造協作的學習環境，讓學生一起解題，互相輔導。
- 老師可以因材施教，以滿足學生的個別需求。
- 以即時指標及學生成績報表，為老師提供指引。

可汗坐在他的避險基金辦公室裡，看似不可能啟動一場遍及全球的線上教育運動。但目前為止，大家已經很熟悉這種模式。他的目標並不高，他只是公開作品讓大家看見，把它視為一種分享罷了。這些分享促成新的連結與意見回饋，使他進一步改善那些內容，又促成更多的分享及接觸到更多的人。他的效能提升，再加上人脈圈的擴大，促成了更多的機會。

光是YouTube上，可汗學院就有近五百萬名訂閱者，影片的累積瀏覽次數已突破五億次。他上TED講述他的故事，演講到最後，連比爾．蓋茲也上台為他的成果鼓掌並對觀眾說：「太棒了。我想，大家剛剛瞥見了教育的未來。」

打造成長心態

誠如班杜拉在廣大人群中看到進步一樣，可汗也是如此，這進一步證實了「引導式精熟法」可以幫任何人變得更好。可汗在學生身上看到的成果，就像杜維克與穆勒在五年級生看到的研究結果一樣：專注於進步，而不是成績，長時間下來可以大幅提升效果與自信[5]。

有些孩子學得比較快，有些孩子學得比較慢。在傳統模式中，如果你做粗略的評估，你會說：「這群孩子有慧根，那群孩子比較遲緩。」……但是你讓每個學生按自己的步調學習時——我們一再看到這種情況——你會發現有些學生在某個概念上花了較多的時間，但他們一旦融會貫通那個概念，就會開始急起直追。所以，那些你原本以為比較遲緩的孩子，現在你反而覺得他們有慧根了。

採用WOL時，你也會體驗到同樣的型態。以「引導式精熟法」的術語來說，針對你想改進的事情，去接觸一位示範那件事情的專家。你逐步展現所做的東西，並獲得意見回饋，你以自己的步調慢慢進步。與此同時，你也強化了自我效能感。但這一切的前提是，你要相信自己可以培養新技能與習慣，要有一個想變得更好的心態。為一個目標（克服某種恐懼或三角函數的挑戰）依循「引導式精熟法」的流程，會讓你更有信心去嘗試其他目標。

要如何培養這種心態？前述的五年級生實驗進行時，海蒂．格蘭特．海佛森（Heidi Grant Halvorson）是哥倫比亞大學的研究生。她後來自己做實驗，寫了一本非常實用的書，名叫《成功，動機與目標》（Succeed: How We Can Reach Our Goals）。她在另一本合撰的書中，列出改變思維的五種方法：[6]

1. 允許自己犯錯。
2. 遇到困難時求助。
3. 關注自己的進步，而不是拿自己和他人比較。
4. 追求進步，而不是完美。

5. 檢視你的信念，必要時，提出質疑。

最後一點可能也是最基本的。研究一再顯示，你自己或他人給你貼上的標籤，可能變成自我應驗預言，進而侷限你的成就。你需要留意那些自我設限的想法，並養成質疑它們的習慣。

無論是智力、創意、自制力、魅力，還是運動力，科學顯示我們都有強大的可塑性。想要熟練任何技能，你的經驗、努力、毅力都很重要。所以，下次你又在想「我就是不擅長這件事」時，請記住：你只是還不擅長而已。

落實五大要素

做了克服懼蛇症的研究三十一年後，班杜拉寫了一篇文章〈為個人與組織效果培養自我效能〉。在文中，他說明「引導式精熟法」在職場上如何提升自我效能，也增加情緒健康、滿意度與生產力[7]。當你以一種更開放、大方、緊密相連的方式工作時，你的工作就不僅僅是工作了，它可以變成豐富生活不可或缺的一部分。

這本書的第三部分是讓你體驗「引導式精熟法」，學習把WOL的五大要素付諸實踐，讓你也獲得班杜拉所描述的效益，獲得幸運女神難能可貴的微笑。

本章重點

- 專注變得更好，而不是只追求優秀。研究顯示，強調進步而不是績效，可以顯著提升效果與信心。
- 「引導式精熟法」：以自己的步調逐漸仿效他人的示範，並在過程中獲得意見回饋，是培養新能力的有效方法。
- 無論你是想要克服恐懼，還是學習三角函數，為某個目標依循「引導式精熟法」的流程，會讓你更有信心去嘗試其他目標。
- 下次你又在想「我就是不擅長這件事」時，切記：你只是還不擅長而已。

練習

一分鐘習題

想想你最近讀了什麼東西有助於你學習某件事，請舉三個例子。現在上Twitter搜尋誰寫過那些事情，然後追蹤他們的帳號。

五分鐘習題

訂閱至少一個部落格。上workingoutloud.com/blog，輸入你的電郵信箱，每週都會收到與WOL相關的文章。或者搜尋啟發你或與你的目標和興趣有關的部落格。

我喜歡賽斯．高汀（Seth Godin）每天在seths.blog上的發文。下面這段話是引自〈不抱期望的悲劇〉：[8]

> 我們只要幫一個人拒絕接受錯誤的限制，就算貢獻一己之力了。如果我們能提供他人實現目標所需的教育、工具與途徑，我們就已經發揮了影響力。

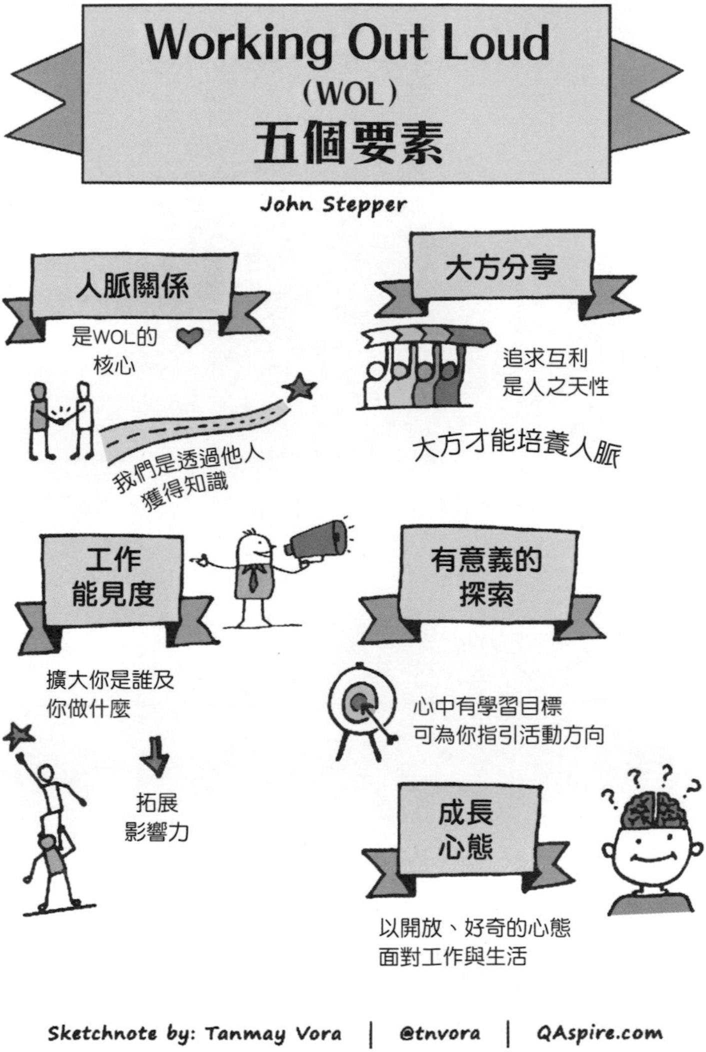
Working Out Loud
(WOL)
五個要素
John Stepper
人脈關係
是WOL的
核心
我們是透過他人
獲得知識
大方分享
追求互利
是人之天性
大方才能培養人脈
工作
能見度
擴大你是誰及
你做什麼
拓展
影響力
有意義的
探索
心中有學習目標
可為你指引活動方向
成長
心態
以開放、好奇的心態
面對工作與生活
Sketchnote by: Tanmay Vora | @tnvora | QAspire.com

刊登在www.workingoutloud.com 的這份塗鴉筆記，生動地展示了WOL 的五大要素。

Part 3

你專屬的
WOL
引導式精熟法

1 十二週養成新技能、新習慣、新思維

千里之行始於足下。

——老子

你還記得電影《三百壯士》（300）嗎？它是描述西元前四八〇年的溫泉關戰役（Battle of Thermopylae），三百名壯士在一個隘口與十萬多名波斯大軍對峙了整整三天。除了故事非凡以外，這部電影也因男演員的壯碩體格而聞名。男主角傑瑞德・巴特勒（Gerard Butler）和片中的其他男性都有精實、輪廓分明的身材，吸引了眾多觀眾，並幫該片在全球創下四・五億美元以上的票房。

當時，我認識的所有男人，包括我自己，都很嫉妒。我們想要那種身體。我們得知所有演員在八到十二週內練出那種體格時都很訝異。更棒的是，他們鍛鍊身體的相關資訊都放在網路上，任何人都可以依照指示，鍛鍊出想要的身材。

但沒有人真的去做。

為什麼沒人做呢？那實在太辛苦、太快了。有人形容那訓練太「兇殘」，甚至還附帶健康警語。我們雖然很想炫耀片中男性那種體格，卻沒動過半塊肌肉。

觸摸跑步機

瑪莎・貝克（Martha Beck）有「美國最著名生活教練」的美譽，她常與那些有個人發展目標、卻看不到進展的人合作。即使是「我想減肥」這樣簡單、實際的目標，也可能困難重重。我們可能對減肥需要付出的努力有負面聯想（例如「我討厭運動」），我們可能不相信自己辦得到（例如「我不擅長運動」），我們可能沒有需要的知識或環境（例如「我就是沒時間」）。

這些因素都足以阻止你獲得顯著的進步。當它們合在一起時，會讓你一直賴在沙發上，起不來。貝克教我的是，把目標拆解開來，從小步著手，而且那一小步簡單到近乎荒謬。例如，無法一週跑四次，每次跑一小時嗎？那就嘗試每週跑一次。還是嫌太多嗎？那就只跑十五分鐘。對你還是沒效嗎？那就每天走去摸一下跑步機。

觸摸跑步機不會改善你的心血管功能，但可以幫你迴避「抗拒改變」的先天反應。在人類演化的早期，重大變化是一種威脅。我們看到劍齒虎時，血液會湧向大腦底部，那個部位控制著我們「戰或逃」的機制，那時大腦思維幾乎完全停擺。

如今，我們的身體面對宏大的目標時，也會產生同樣的反應。高汀稱之為「蜥蜴腦」，史蒂芬．帕斯費德（Steven Pressfield）稱之為「抗力」。那是對變化的一種常見自然反應。大腦中進化程度較高的部分，其實希望我們能實現目標（培養讓人生更豐富、更長久的新能力），但比較原始的大腦部位則想保護我們。當我們重新定義目標，使目標看起來不是那麼嚇人、不至於啟動「戰或逃」的機制時，就增加了進步的機會。

WOL的引導式精熟法

我開始寫這本書以前，試過多種技巧以幫助大家改變工作方式，例如，設計實用指南、進行一小時的個別輔導、主辦聚會，甚至教了一門為期三個月的課程。但那些方法的成效都不如預期。儘管多數人理解概念，也喜歡WOL，但要改變他們的習慣實在太難了。

如今回想起來，我的教學方式彷彿是把活生生的蛇送給一群怕蛇的人一樣，所以成效不彰。我告訴同事，他們必須開發新的工作方法。即使他們都認同，也不太願意改變。想要改變行為，需要的不僅僅是口頭上的說服，也需要實際的協助。所以我開發出第三部分的步驟，那也是WOL圈的基礎。

專屬的十二週計畫

第三部分的目的，是為了幫助你落實WOL的五大要素。就像班杜拉利用「引導式精熟法」治好患者的恐懼症及提升自我效能感一樣，你也將利用這個方法來培養WOL的習慣，讓自己體驗廣泛的效益[1]。

為了獲得比看完《三百壯士》更好的結果，切記，一定要養成成長心態。請把後面章節中的練習當成很小的步驟，那是一種幫你學習與探索的方式。每次你聽到蜥蜴腦提到你無法成功的種種理由時，就告訴它，你只是在實驗，讓它平靜下來。提醒自己沒什麼好怕的。在十二週的過程中，你會嘗試一些新事物，發現有趣的人與想法，逐漸養成一套愉悅的習慣。當你意識到WOL可能改變你的生活時，蜥蜴腦已經阻止不了你了。

本章重點

- 人類先天就抗拒改變。即使那些長遠看來有利的改變，也令人抗拒。
- 為了避免觸發蜥蜴腦，你可以試著「觸摸跑步機」。從朝著目標邁出很小又簡單的第一步開始，讓自己先動起來。

- 為了進一步幫你迴避改變的阻力，你可以把整個流程重新定義為一個學習目標。專注追求更好，而不是追求優秀。
- 為了發現更多的機會，你需要以有意義的方式拓展人脈。那可以幫你接觸到更多的知識、更多的人、更多的經驗、更多的可能。
- ＷＯＬ是幫你塑造工作及培養人脈的方法。這樣做可以幫你掌握內在的心理需求。
- 無論你的背景、年齡或社交技能如何，你都可以學習ＷＯＬ。

練習

一分鐘習題

回想一下你努力養成的好習慣，例如，使用牙線、彈鋼琴、經常運動。想想你達成目標及沒達成目標的時候，兩者有什麼差別？

五分鐘習題

同伴的支持可以幫你度過改變過程中的起起落落。想想你認識的人中，誰能在你落實「引導式精熟法」的過程中提供正面、客觀的支持。例如，那可能是你樂於分享本書概念的對象。寫下他們的名字。

■ 開始
□ 連結
□ 創造
□ 領導

2 務實目標及第一份人脈清單

決定關注什麼東西，可以塑造我們的整個世界觀。
它可以決定哪些門路對我們敞開，哪些門路是我們永遠看不見的。

——WOL圈指南

在第三部分中，你做的事情大多是以下面三個問題為基礎：

1. 我想完成什麼？
2. 誰能幫助我實現目標？
3. 我如何對他們貢獻一己之長，以加深我們的關係？

選擇一個目標（例如，一個感興趣的新領域，或在工作上發展一種技能），可以幫你決定你想建立什麼關係，以及你能做出什麼貢獻。它幫你鎖定焦點，而不是瞎忙。這裡選的目標，不是你生命中某個特殊目的，而是更簡單的東西。以本書目前為止提到的人物為例：

- 莎賓想探索新的人力資源管理方法。
- 安雅想探索新技術的運用。
- 瑪拉想學習更多建立社群的知識。
- 霍迪想深入了解無人機。
- 喬伊絲想多了解社群媒體。
- 布蘭登想成為攝影師。
- 保羅想變得更有成效。
- 我想學習更多協作的知識。

你看出型態了嗎？他們的目標大多跟學習與探索有關，而且看起來剛剛好，不會太大，也不會太小。在後面的練習中，你會選擇自己的目標。以下的一些問題可以指引你：

你在乎它嗎？

你考慮一個目標時，請注意自己的感受。那是你真正感興趣的東西嗎？還是你覺得是自己應該想要的東西？選擇一個你真正在乎的目標，可以激發你先天的自主需求，激勵你去練習及進步。如果你的目標無法引起自己的興趣，那就換一個。

你能從別人的經驗中受益嗎？

加深關係是WOL的核心。你挑選的目標需要依賴人際關係以取得你原本無法獲得的知識與機會。如果你的目標聽起來像你可以自己完成的事情（例如「我要拿碩士學位」、「我要升遷」），你可以改用另一種方式表達，以顯現出人際關係如何幫你完成那個目標。例如「我想向那些已經完成我心中目標的人學習。」

你可以把它定義成學習目標嗎？

以學習或探索來定義目標，讓人更容易養成成長心態，嘗試新事物，接納新朋友與新機會。因為那種目標比其他類型的目標更靈活，風險更小，比較不會引發焦慮或抗拒。你可以考慮包含下面詞句的目標：

- 「我想在……方面做得更好。」
- 「我想更了解……」
- 「我想認識更多……的人。」

如此定義目標後，你更容易掌握想要精益求精的需求（想要把某事做得更好的感覺）與目的（與他人產生共鳴、找到意義，或兩者皆是）。

你能在十二週內朝目標邁進，看見進展嗎？

選擇可實現的事情，或至少可以看到進展的事情。如果你的目標太模糊，你很難具體找到一群可以幫你達成目標的人。如果你的目標太遠大，光是想起目標就可能引發抗拒，阻止你邁出一步。如果你就是遇到這種情況，可以考慮重新定義目標，把目標拆分成幾個比較容易實現的小目標。一旦ＷＯＬ變成習慣，你就可以選擇更遠大的目標。

以下是大家在ＷＯＬ圈常選擇的目標：

- 我想更深入了解我關心的事情。
- 我想探索新領域的可能性。
- 我想認識志同道合的人。
- 我想精進謀生方式。
- 我想找尋新的角色。
- 我希望在目前的工作中獲得更多的認可。

不要覺得你非得挑一個正確的目標不可，幾乎任何目標都可以幫你指引第三部分的活動。在我參與的第一個ＷＯＬ圈裡，有人想成為財務顧問，有人熱衷於讓大家知道產品中有哪些危險毒素並建議替代品，有人想拓展他的線上時尚顧問事業，有人關注教育議題。當你運用ＷＯＬ的方式朝著某個目標前進時，你會培養幫你在未來實現任何目標的技能、習慣與思維方式。

練習

你為第三部分選擇的目標（五分鐘）

現在花點時間思考接下來十二週的目標，並寫下來。用一兩句話表達你的目標。

在接下來的十二週裡，我想：

______

______

______

如果挑選目標對你來說不容易，或者你不確定要寫什麼，那也沒關係。你現在選的目標沒有對錯之分。你在接下來的章節中會反思那個目標，甚至可能會加以調整或改變。

三個例子

海莉的目標很明確，她決定搬回祖國澳洲，現在正前往珊瑚海附近的黃金海岸。所以，她如此描述她的目標：

我想在黃金海岸建立一個我樂於共事的人脈網，並在一家與我的整體目的與熱情相符的公司裡找到工作。

這是很好的目標，直截了當，也是她在乎的事情，而且她可以在十二週內朝著它累積有意義的進展。

文森花了較長的時間挑選目標，他是工程師。在轉調到品管部門之前，曾在製造部門工作。他不只換工作，也換了國家。一開始他不確定他的目標是否應該與技能、新角色或新地點有關。但是，當有人告訴他，他的團隊職責之一是「導入社群媒體以便與其他部門合作」時，他決定選擇一個跟那個職責有關的目標：

我想開一個部落格，跟大家分享工作內容，並為社群做出貢獻。那可以幫我連上一些我還不認識的人。

芭芭拉一直難以決定目標，她是我最早輔導的人之一。我與她交談時，她在法蘭克福的一個小組負責公司的帳簿與記錄，花很多時間分析龐雜的試算表。我們討論了多種可能的目標。她希望從工作獲得更高的薪資？還是希望獲得肯定呢？她想在金融業找另一份工作嗎？她並不想。當她提到她喜歡幫別人處理稅務時，我問她探索稅務可以當成目標嗎？但那件事沒什麼吸引力。芭芭拉說，其實她從來沒把自己視為財務人員。雖然她覺得自己很擅長財務，尤其是細節分析，但那不是她的志業。她說：「我是大學畢業後無意間踏入這行的。」她不知道該如何改變或何時改變。她說她想「看看外面還有什麼」，但這樣講似乎太含糊了。

芭芭拉似乎卡住了。這時我問她工作以外還有什麼興趣，她立刻談起她的愛好：族譜學。對芭芭拉來說，那不單只是繪製族譜而已。她常花好幾個小時，仔細研究教堂與政府留下的舊記錄，並在遇到難以突破的死胡同時，打電話給檔案保管員以詢問可能的線索。除了研究自己的家族以外，她也會查找歷史人物以及歷史上的特定日期，並經常在部落格中寫到她發現什麼。她那樣做純粹是基於樂趣。終於，她的目標顯現了。

我想找到跟我一樣熱愛族譜學並探索相關可能的人。

你可能懷疑，這對WOL來說是不是合適的目標。畢竟，族譜學這種嗜好和工作有什麼關係？那之所以是個好目標，是因為芭芭拉選了她在乎的東西，如此一來，她更有可能落實那五大要素。那樣做可以幫她培養尋找相關人士的技能，也培養促進資訊交流、合作、協作機會的人際關係。她可以藉此養成良好的習慣與思維，套用在任何目標上，那對她與公司都有好處。

問題、問題、問題

每當我與企業合作或演講時，他們有機會發問及提出議題，隨後的交流有助於我們進一步探索一個主題。為了讓你大概了解那是什麼樣子，也讓你大略知道你閱讀及做練習時可能出現的想法，我在第三部分加入常見問題與意見回饋。以下是兩個跟寫下目標有關的問題：

問：如果我沒有目標，怎麼辦？

許多人不知道該選什麼作為目標。以需求層次理論聞名的心理學家亞伯拉罕．馬士洛（Abraham Maslow）說過：「知道自己想要什麼並不正常，那是很難達成又少見的心理成就。」如果你心裡沒有明確的目標，可以從前面一百四十二頁上列出的常見目標中挑選一個。或者，你可以像芭芭拉那樣，挑一個能激起你的興趣與好奇心的目標。不要堅持非找到最好的目標不可，選一個可以讓練習感覺愉快又值得的目標。

問：萬一我選錯了怎麼辦？

挑選目標，沒有對錯之分。如果你發現自己對某個選定的目標不是那麼感興趣，那也沒關係，你可以改換一個。「有意義的探索」那部分就是要幫你更了解自己喜歡什麼、不喜歡什麼。

WOL圈的成員在十二週內調整或改變目標的情況並不少見。

尋找與你的目標相關的人

記住本章開頭提出的第二個問題：「誰能幫助我實現目標？」這個問題的答案是你列出的人脈清單。有了目標以後，你會把以下的人列入清單：

- 他做過跟你的目標類似的事情。
- 他曾是你學習的對象。
- 他的興趣或角色與你的目標相關。
- 他寫過或演講的東西與你的目標有關。

例如，海莉使用Google搜尋「黃金海岸卓越商業獎」的得主、商會、黃金海岸商業名錄，以及其他位於黃金海岸的現有公司網絡。她就是這樣找到該區的Billabong、SurfStitch和其他公司。接著，她去那些公司的網站，進一步了解他們的工作與員工。她也上LinkedIn搜尋那些組織，找到相關人士。而在搜尋的過程中，她也發現其他前景不錯的結果。黃金海岸主辦二〇一八年的大英國協運動會（Commonwealth Games），那剛好符合海莉對健康與運動的興趣。瀏覽那場盛會的網站，使她產生了一些想法，也讓她有機會在YouTube上訪問主辦單位的行銷傳播長兩分鐘。那個人談到這場盛會的準備工作與挑戰。海莉覺得很有意思，與她的目標有關，值得深入了解，所以海莉把他列入人脈清單。

文森利用公司的內部網路，尋找其他地點及其他部門的品管小組人員。他上LinkedIn搜尋品管人士，也搜尋與該議題相關的部落格與線上群組。芭芭拉一開始是尋找像她一樣的人，包括其他寫族譜的部落客、舉辦族譜會議的人，以及專門做族譜研究的公司。

練習：你的第一份人脈清單（十五分鐘）

把下面的練習所列出的清單想成初稿。在你進行「引導式精熟法」的過程中，隨著你探索與建立關係，你的清單會持續演變。

你可能會馬上想到一些名字，把他們寫下來。接著，啟動網路偵察，開始搜尋與你的目標有關的人。這時通常會出現的情況是，幾分鐘內，你就在網路上碰到之前沒意識到的人與想法，讓你驚呼：「啊哈！他們看起來很有意思！」

試著至少找十個人。

1.

2.

3.

4.

5.

6.

7.

8.

9.

10.

問：萬一我找不到人怎麼辦？

不要只找你認識的人，這是你練習偵查技巧的時候：嘗試不同類型的搜尋，使用不同的工具，瀏覽搜尋結果，尋找可能促成有趣連結的線索。例如，你找到一個有趣的人之後，可以看他與哪些人有連結，然後順藤摸瓜。

剛剛發生一件重要的事情

你有沒有注意到，每次你買了新東西（例如，某種車或某種嬰兒車、一件特殊的裙子或領帶），你會突然發現周遭都是同樣的東西？那就好像，你做了一個選擇，這個世界突然跟著冒出更多同樣東西似的[1]。

這不是魔法，而是神經科學。你的選擇啟動了大腦，所以你更容易察覺你的選擇，因此更容易看到原本可能錯過的東西。你在這一章採取的小步驟，已經幫你調整注意力了。在未來的幾週裡，你將更常思考你的目標，以及與那個目標有關的人。你會愈來愈注意他們的工作、他們的想法，以及別人對他們的評論。你會注意到以前沒見過的人與想法，建立你從未想過的連結，並開始以不同的方式思考目標。

如果你做了上述兩個練習（投入約二十分鐘的時間在你關心的目標上），你已經比多數人一個月做的還多了。這並不是說其他人很懶或漠不關心，只不過我們想在職涯與生活中做的改變往往令人望而生畏，以至於我們不知道從哪裡開始。

藉由寫下目標並列出相關人士，你已經「觸摸跑步機」，使進展變得有可能了。現在你可以開始回答第三個問題：「我如何對他們貢獻一己之長，以加深我們的關係？」

本章重點

我想完成什麼？目標通常跟學習與探索有關。你應該選擇你在乎又具體，而且十二週內可看到進展的事情。

誰能幫我實現目標？一開始先想想誰做過類似的事情、誰曾是你學習的對象、誰的興趣或角色與你有關，誰寫過或演講過與你的目標有關的內容。

寫下目標並列出相關人士後，你已經調整注意力，使你能夠與那些與自己的目標相關、但以前從未見過的人或想法建立連結。

練習

一分鐘習題

想想你選擇的目標，並在腦中停留幾秒，你感覺如何？如果反思目標讓你覺得有負擔或恐懼，而不是感到好奇與興趣，可以考慮換個目標。現在就做出選擇吧！

五分鐘習題

回顧你的人脈清單，試著再加上至少兩個名字。每次回顧那份清單，你都會進一步調整注意力，使你更容易朝著目標前進。

3 第一個貢獻

恆常施予，恆常無乏。

古諺

一般所謂的「大方」，是指給予的東西比需要或預期的還多。所以，你很大方時，你會給予更多的什麼呢？你能提供別人什麼？

多數人思考這個問題時，都想得太狹隘。當然，你可以在金錢或時間上大方，也可以大方分享資訊，但那只是你能貢獻的一小部分。接下來的練習將幫你看到更多種可能，並以多種方式貢獻。久而久之，你會意識到你可以提供的東西遠比你想像的還多，而且你的貢獻可以讓更多人對你產生信任，與你相連。

在本章節中，我們將從兩種通用的贈禮開始看起：關注與感謝。但首先，我想請你做以下的練習。

練習：大方分享度測試（三分鐘）

這是一個簡單的測試，但我覺得自己需要經常拿出來做做看。我愈常練習，就愈明白它能如何應用在我每天與一輩子做的事情上。如果你像我一樣，練習的結果可能會讓你心生警惕。

做這個練習時，你可以在腦中想像場景，也可以實際進行。測試如下：

為不認識的人開門並頂住，讓他輕鬆可以通過。你這樣做時，請注意你決定頂住門的那一刻在想什麼，注意你開門的方式，也注意對方的反應。現在開始想像。（你可能會想要閉著眼睛想像。）

如果對方感謝你，你會有什麼感覺？如果對方不發一語地經過，連道謝也沒說，那會改變什麼嗎？

我的結果

以下是我每次做這個測試時，通常會注意到的東西：

1. 我決定頂著門時，會產生一種良好的感覺，覺得我是在做好事。

2. 我正眼看著對方，或說「你先請！」以確定他看到我為他開門。

3. 對方謝謝我時，我又產生一種美好的感覺。但是如果對方忽視我，我會有點不爽，甚至生氣，心想：「真沒禮貌！」

我花了一段時間才意識到，我不是真心想為對方開門，而是為我自己開門。我是為了體驗那種正面情緒而開門。如果對方沒有如我預期的那樣回應，我會迅速評斷他，出現負面反應，即使對方根本沒有主動參與我那個自我感覺良好的小實驗。然而，我也知道，對方可能正好心事重重，或急著趕往某處，沒有心情道謝，或甚至沒注意到我的善意表達。

你的結果

你在大方分享度測試中表現如何呢？我想你可能也是那種會幫人頂住門的人。但你那樣做時，心裡在想什麼？你預期什麼？你的意圖與預期將決定你那樣做的感受，以及對方如何反應。

你為你的人脈圈做出貢獻時，不能附帶任何條件，那種不求回報的心態是需要練習的。現在從你能做的最簡單貢獻開始。

練習：你的第一個貢獻（十分鐘）

你的第一個貢獻是給出每個人都能貢獻的東西：關注。你的第一步是上網（或公司的內部網路），搜尋你那份人脈清單上的每個人。尋找他們的網路足跡，例如，推特帳戶、部落格、內部網路的個人檔，或他們在網路上創作的內容。

例如，如果你們都有推特帳號或內部網路的個人檔，你可以追蹤他們。如果他們在LinkedIn或內部網路上發表文章，或有自己的網站，你可以開始閱讀那些內容。如果你喜歡他們寫的東西，可以按讚讓對方知道。如果你想繼續接收最新資訊，可以按下「關注」鈕或訂閱電子報。

你不必留言或傳訊給他們。第一個貢獻只是給對方發送一個不突兀的小小訊號。如果你還不認識對方，那可以讓你們的關係從「他還不知道我的存在」變成「他可能見過我的名字」。對於那些你認識的人，即使是你很熟悉的人，按下「關注」鈕或按讚是對他發出「我注意到你了」和「我關心你說的內容」的訊號。

現在更新你的人脈清單（或者在一百四十九頁的清單中增列幾個人）。針對清單上的每個人，寫下你在哪裡找到他及關注他。（如果你在網上找不到某人，就寫「還沒找到」。）

1. ____________________

2. ____________________

3. ____________________

4. ____________________

5. ____________________

6. ____________________

7. ____________________

8. ____________________

9. ____________________

10. ____________________

問：就這樣而已嗎？這對我有什麼幫助？

你在這個練習中所做的按讚或追蹤，只是第一步。那個動作本身，可能不會改變很多東西。但隨著時間推移，會產生累積效應。你每次貢獻，都會加深你與對方的關係，並逐漸培養信任。如此就能增加你們交流資訊的可能，讓你們獲得知識、人脈與機會。

在落實「引導式精熟法」的過程中，你會學到如何做出更費神、也更有價值的貢獻。你會在更廣泛的情境中對著更多人展現慷慨大方的氣度，並發現你可以為大家提供什麼。

「用讚美來煩我！」

什麼東西是免費、有趣、感覺很棒、多多益善的？而什麼是我們都覺得不夠，再多也不會嫌多的？

感謝。（你應該已經猜到了吧？）商業作家史考特・伯肯（Scott Berkun）講了一個精彩故事。那個故事讓我更明白，為什麼大家都喜歡獲得他人的欣賞，但我們卻總是難以欣然表達。伯肯成為暢銷作家及熱門演講者之前，在微軟工作。以下節錄自他寫的一篇文章，該文描述他快離職前與一位同事的交談。文中有很多很好的觀點，所以我整整節錄了三段[1]。

我在微軟的最後一天，受邀做了最後一次演講。那場合很棒，我有機會向一群友好的聽眾談重要的事情。後來一位我很敬重的同事走了過來，感謝我做的工作。我問他為什麼以前不說呢？他說他以為我早就知道了。他覺得，我可能經常聽到那些話。基本上，他不希望我覺得聽多了讚美很煩。「覺得聽多了讚美很煩！」還有什麼說法比這句話更荒謬的？

這件事讓我想到，自己看過或讀過很多對我很重要的東西，卻很少回以任何讚美。我喜歡的書（或讀過幾十遍的書）、我喜歡的講座、我收到的好建議等等，但我從來沒有感謝過那些人。或者，我從來沒有花心思支持別人的成果。數十人說了實話，讓我變成更好的人；或是在別人不支持我的時候，持續支持我，但他們從來沒有意識到他們的話對我有多重要。我發現無數的行為對我產生了影響，而我卻從來沒有感謝過那些事，我因此受益而不自知。原來我比這位在我即將離開公司時才感謝我的人還不如，他做了一件對他重要的事。他直接走過來，正眼看著我，表達感謝。我這才發現，那種感謝是我不知道該怎麼做的。

我以前從來沒學到要記得一些微不足道的小事、簡短的電郵、網站上的留言、握手與一句謝謝。我意識到，在我那扭曲的小小心靈閣樓裡，在一個布滿灰塵的黑暗角落，潛藏著一種想法。那個想法覺得，在那些情境下給予讚美，有損我的自我評價；讚美別人就是承認自己的某種失敗：也就是說，我把那種讚美與拍馬屁聯想在一起。現在我才知道自己以前有多愚蠢，因為承認別人的好比自己做得好更難。任何人都可以批評或接受讚美，但啟動正向交流才是有影響力的人的特色。

伯肯說「微不足道的小事」很重要，而且對別人做那些事情，是你可以持續練習、直到自己覺得很自然，變成習慣。他的這番說法令我印象深刻。

練習：另一種普世通用的贈禮（十分鐘）

下一個你可以送給別人的通用贈禮是感謝或欣賞。想兩位因為做了或說了某事而讓你想要感謝的人。那可以是最近發生的事情，也可以是腦中浮現的過往記憶。對其中一人發私訊或電郵，告訴他：「我想起你，也想起你以前為我做的事情。我想說，我很感謝你。」每個人都很喜歡收到這種訊息。對另一個人表達公開的感謝，例如，在LinkedIn或Twitter之類的平台、線上社群或公司內部網路上@他的帳號。

用接下來的十分鐘思考你想提供什麼，以及如何提供。接著，就發送那兩條訊息。

	名字	訊息
私訊		
公開訊息		

問：我不知道該說什麼……

許多人在母親節買母親節賀卡是有原因的。日曆上的日期觸發或提醒我們採取行動，而那些預先印好賀詞的卡片，抓住了我們想表達的情感。當我們沒受到觸發或沒有感覺時，就沒有貼切的字眼可以表達，所以我們常錯過表達感謝的機會。

把這一章的練習當成觸發器，把這些貢獻想成你對他人發送的訊號，那是以一種不引人注目的正面方式來展現出你對他人的興趣。如果你不確定該用什麼詞，可以從簡短的私人表達開始，也許一兩句話就夠了。例如：

「我今天想到你，因為……」

「非常感謝你……」

「我真的很感謝你……」

舉個例子，下方是我對奧斯汀．克隆（Austin Kleon）做出的小小貢獻，他是幾本暢銷書以及一份精彩電子報的作者。我在推特上分享他的作品，以表達我對其作品的欣賞。

問：感覺不太對……很不自在……

你感到不自在時，就趁機檢視自己的意圖。感到不自在是因為你不是真心的嗎？還是因為你只是不習慣表達感謝？你愈常練習感謝且不求回報，就會覺得愈自在。如果你感覺不真實或不真誠，那就不要做。

問：我向某人表示感謝，但對方毫無反應，我做錯什麼了嗎？

每個人都希望自己做的事情獲得認可，但請謹記「大方分享度測試」：真正的贈禮是沒有附加條件的。而且，你也不知道對方為什麼沒回應。他可能很忙，也可能沒看到你的訊息。多練習幾次，你就懂得在別人毫無反應時，避免胡思亂想，把注意力放在下次貢獻上。我們將在後面的第十章進一步探討這點。

禮尚往來——不管是好是壞

送禮也有黑暗的一面，亦即別有用心的操弄。在《影響力》（Influence）一書中，羅伯特·席爾迪尼（Robert Cialdini）寫到人類先天就渴望禮尚往來，你可以運用這點來驅動對方做事情。例如，慈善機構常在他們的募款信中放入回郵信封，藉此促發一種責任感，讓收件人更有可能做出回應。

這招確實管用。連蓋伊・川崎（Guy Kawasaki）那樣精通社群媒體的人，也在著作《迷人》（Enchantment）中引用席爾迪尼的作品，建議你「啟用禮尚往來」：[2]

你幫別人做某事，對方說謝謝時，你可以說：「我知道你也會為我這樣做。」這時多數人會覺得有義務還你人情。

但是那樣做**感覺**如何呢？那會產生持久的效果，還是只起一次效用？當你收到回郵信封，或聽到有人大喇喇地對你討人情時，你會覺得自己被對方操弄了，或覺得對方很愛計較。

一個更好的給予方式

還記得前面第二部分第四章提到霍夫曼的「小禮物理論」嗎？那是出自一篇名為〈以誠信互連〉的文章。在這個脈絡中，它提出與「啟用禮尚往來」截然不同的建議[3]：

這聽起來似乎有悖直覺，但你的心態愈是「利他」，你從這段關係中獲得的效益愈多。如果你堅持每次助人都要有回報，你的人脈反而會愈來愈狹隘，機會愈來愈有限。相反的，如果你的出發點是助人，光是認為那樣做是正確的，你就能迅速鞏固自己的聲譽，增加你發展的機會。

免費贈送的小禮物，對雙方來說都很神奇。對施予者來說，他的貢獻感覺是真實且真誠的，因為沒有附加條件，給予變得更容易，因為你不是在操弄或宣傳，你是在助人。接收者感覺到這點時，不會有欠人情的負擔，禮物不再感覺像一個不想要的交易。

你從貢獻中獲益，但那不見得是一種個人的回報（「我為你做這些，你將來會回報我」），它會存在你的人脈圈中。在人脈圈的許多人際關係之間，想要互惠的人性會為你帶來整體利益，沒必要斤斤計較。

免費贈送小禮物是需要練習的，這也是為什麼我在這個部分加入那麼多練習。反覆的練習可以幫你針對「如何貢獻」養成新習慣與新思維。你在人脈圈中免費送出的小禮物，將加深人際關係，為你打開各種機會大門。

本章重點

- 給予關注（例如在網上關注某人），可以讓一段關係從「他還不知道我的存在」變成「他可能見過我的名字」。
- 對於那些你認識的人，按下「關注」鈕或按讚是對他發出「我注意到你了」和「我關心你說的內容」的訊號。

- 真誠的感謝是一份簡單但強大的通用贈禮。那是每個人都能提供的東西，也是每個人都喜歡接受的東西。
- 如果你認為你景仰的人可能不重視你的肯定，想想伯肯所謂「微不足道的小事」的價值。「用讚美去煩他！」
- 謹記大方分享度測試。你做出貢獻時，心裡在想什麼？你期待什麼？意圖決定了送禮或收禮的感覺。

練習

一分鐘習題

想想上次有人感謝你的情境，你感覺如何？你認為對方表達感謝時是什麼感覺？

五分鐘習題

另一個表達關注與感謝的簡單方法，是在別人的部落格或Linked的發文下方留言，以下是一個例子。在這一章中，我提到伯肯的部落格文章。我非常喜歡那篇文章，並且上推特與社交圈分享，就像你在本章的練習中表達謝意一樣。寫那則推文很簡單，不久一個朋友就轉推了那則推文。

但我想要做得更多，所以我決定到他的部落格留言。留言的時間比寫推文長，也許花了三、四分鐘吧，但感覺比較像私人交流，所以付出額外的時間是值得的。令我驚訝的是，伯肯當天就回應了。

現在，瀏覽一下你的LinkedIn動態消息，或你關注的部落格，然後留言。

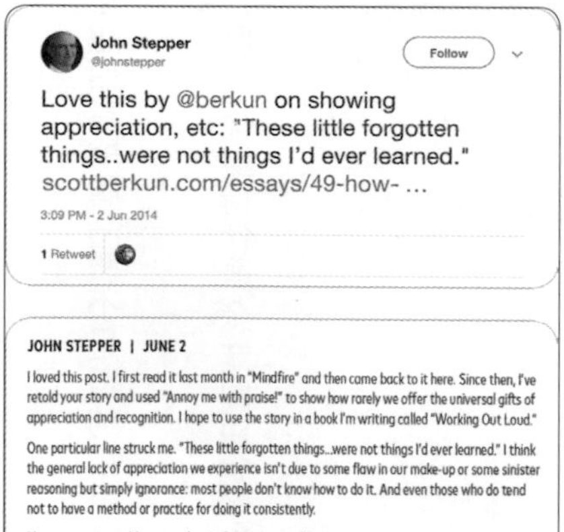
John Stepper
@johnstepper
Follow
Love this by @berkun on showing appreciation, etc: "These little forgotten things..were not things I'd ever learned." scottberkun.com/essays/49-how- ...
3:09 PM - 2 Jun 2014
1 Retweet
JOHN STEPPER | JUNE 2
I loved this post. I first read it last month in "Mindfire" and then came back to it here. Since then, I've retold your story and used "Annoy me with praise!" to show how rarely we offer the universal gifts of appreciation and recognition. I hope to use the story in a book I'm writing called "Working Out Loud."
One particular line struck me. "These little forgotten things...were not things I'd ever learned." I think the general lack of appreciation we experience isn't due to some flaw in our make-up or some sinister reasoning but simply ignorance: most people don't know how to do it. And even those who do tend not to have a method or practice for doing it consistently.
Those are easier problems to solve. And that gives me hope.
I know you wrote this 6 years ago, but I'll take the risk of annoying you with praise and say thanks again for a great post :-)
SCOTT | JUNE 2
Thanks John. As corny as it sounds, I reread this essay now and then as I know I forget to take its advice. Many of these philosophical essays are/were written to help me remind myself of things I forget.

4 邁出三小步

小步驟可能不起眼，但不要上當了。
它們是微妙地改變視角、逐漸移山填海、徹底改變生活的手法。

麗雪爾．古瑞奇（Richelle E. Goodrich）
《許願》（Making Wishes）

目前為止，WOL在概念上看似簡單。你想到幾個與你的目標有關的人，你按了幾個讚或「追蹤」鈕，給人美言了幾句，做這些究竟是為了什麼？

這裡的挑戰就像任何新習慣一樣，在於不斷地練習以提高成效，使這種新行為感覺更自然，更自動。本章將透過三個小步驟幫你不斷進步。

投資自己

發展自己與職涯的最大障礙之一，也是現代生活的課題之一，就是忙碌。多數人沒時間去做他們知道對自己有好處的事情，無論是運動、正確飲食、還是本書的練習。

我在《用一〇%薪水變有錢人》（The Richest Man in Babylon，直譯是「巴比倫首富」）中找到了解決這個問題的方法[1]。一位聰明的成功人士向我推薦這本書時，我本來以為這是一本精心撰寫的歷史小說，或是激勵人心的人類學作品。沒想到這竟然是一本一九二六年出版的小冊子，僅七十一頁，排版拙劣，內容是「以巴比倫的寓言談節儉與致富」。這本書的作者是喬治・克拉森（George Clason），他寫這本書時，在科羅拉多州經營一家地圖公司。銀行與保險公司幫他發送這本小冊子，以幫他們的客戶學習理財。雖然這本書的外觀與主旨看起來沒什麼，但這本簡單的理財指南對管理其他重要資源（包括時間）提供了寶貴的資訊。

這本書提出的第一個道理、也是最重要的道理是，花錢之前先留下一〇%的錢。「你的收入中，一部分要留下來。不管你賺多少，至少要留下十分之一……優先支付自己才是明智之舉。」

顯然，我應該把同樣的方法套用在時間上，但我沒有。儘管我知道，花時間培養技能對我和公司都有好處，我依然讓別人的邀約填滿了行事曆，或把自己僅有的一點空閒浪費在低價值的活動上。我就像巴比倫的多數人一樣，傻乎乎地浪費了寶貴的資源，因此變得更窮。

○…○…○

練習：優先支付自己（五分鐘）

現在，看看你的行事曆，在下個月安排一些跟你的目標有關的活動，藉此「先支付自己」。例如做這本書的練習，或是回顧你那份人脈清單上的人有什麼活動。你可以每週騰出一小時，或是安排幾個較短的個人時間。即使是騰出幾個十五分鐘的空檔享用咖啡，也能帶來有意義的改變。

在未來的四週中，至少騰出四個空檔給自己，現在就更新你的行事曆。

問：我想投資自己，但真的沒有時間

雖然我們都有不同的工作及不同的時間表，很少人覺得自己有額外的時間。畢竟，你的時間就是那些，所以選擇做某件新事情時，都必須做權衡取捨。例如，每次你答應出席一場會議，或是答應接下一項任務時，你等於拒絕了其他可能更有價值的事情。問問你自己：「其他的事情是什麼？」

早在一九二六年，克拉森就在那本小冊子裡寫道：「我們所謂的『必要開銷』，一定會一直

膨脹，直到它與收入相當，除非我們刻意反其道而行。」你的時間很可能已經充分分配了，所以你找不到空閒時間。但你可以找出一些活動，開始回絕，以便把那些時間投入到長期而言對你比較重要的事情上。

那本書也建議「保護你的財富，以防損失」，避免浪費性的冒險。你無法憑空變出額外的時間，但你可以更用心地決定如何運用既有的時間。這個練習的目的，是為了幫你取消那些低價值的活動，以騰出更多的時間投資自己。

問：我沒辦法從行事曆中騰出時間，該怎麼辦？

我完全理解，如果你覺得自己整週都排滿了，光是要騰出一小時都很難。以下是一些你可以做的事情。（這只是幫你練習及進步的一些技巧，我們將在後面第十一章「養成習慣」中探索更多的點子。）

- 確認你的目標確實是你在乎的事情。你愈在乎它，就愈有動力騰出時間做那件事。
- 如果一週騰出一小時太多，那就試著騰出半小時。如果半小時還是太多，試著騰出兩段十五分鐘的時間。一定要先排入行事曆，「觸摸跑步機」可以幫助你啟動。
- 如果你還是很難辦到，先花一週的時間寫時間日誌，記錄你如何運用時間。每天結束時，檢討一下，想想巴比倫首富可能如何評論你的時間運用。你先支付自己了嗎？你明智地運用時間了嗎？重點不是責怪自己浪費了時間，而是幫你更用心地選擇如何利用時間。當我覺得沒有足夠的時間寫這本書時，做了這個練習。幾天後，我發現我花在手機上的時間（刷臉書及上網亂逛）比我想的還多。於是，我減少花在手機上的時間，把省下來的時間拿來寫作。

- 如果接下來的幾週你都找不到時間，那就往更後面的時間找找看。很可能三個月後的行事曆比較空。接著，為自己安排幾次獨處時間。等時間到了，你已經為自己排了好幾週與好幾個月的自我成長時間。

擴展你的影響力

在我最初加入的WOL圈裡，有個朋友抱怨，她找不到很多與她的目標相關的人。我坐在她旁邊，打開筆記型電腦，開始用她給我的關鍵字搜尋。幾分鐘內，我們就找到幾個線上社群、作者、演講者、影片、其他資源。那位朋友很驚訝，也有點惱火，解答居然那麼簡單。她問道：「你做了什麼？」彷彿我用了什麼Google密技似的，「我發誓以前沒跳出那些搜尋結果。」

從此以後，我知道這種事情經常發生。多數人都很熟悉如何瀏覽網路，但不見得習慣在網路上進行偵察，依循線索，並以不同的方式看待問題。因此，有些人的人脈清單遠比他可能拓展的程度還小，限制了他們的探索。

一種加速發展人脈圈的方法，是利用現有的圈子。你可以把這種方法想成：尋找那些目標相近者已經聚集的地方。當你到了那個地方，你可以輕易找到數百、甚至數千個適合列入人脈清單的人。當你為一個群體做出貢獻，而不是為個人做出貢獻時，那個群體的很多人都會看到你，從而擴大你的影響力。

為一個或多個圈子做出貢獻，無法取代個人關係的深化。那只是一種接觸更多人、知識、機會的方式。以下是一些不同類圈子的相關建議，或許可以幫你改善線上偵查力。

職場社群或網路社群

這些社群通常是由一些對某個主題很熱衷、想幫他人更了解那個主題的人所組成的。加入這種團體——無論是線上加入或親自到場——是找到志同道合者的有效方法，而且很有效率。無論那個社群是與技能、角色、興趣，還是嗜好有關，你都會發現多種線上群組亟欲吸收新成員及獲得更多的貢獻。

提供相關產品或服務的群體

例如，產品供應商與專業組織。假設你想成為更好的專案經理，你可以去找提供專案管理訓練或工具的組織。

會議與聚會

這是與你目標相關的人齊聚一堂的地方。主辦者往往很渴望有人能出來貢獻，包括幫忙宣傳、志願服務、簡報故事與專案等等。即使你沒參加活動，也可以上網搜尋活動的標籤，輕易找到參加活動的人。例如，如果你的目標與知識管理有關，你上網搜尋資料時，發現APQC知識管理會議，於是你搜尋活動標籤#APQCKM，那可以幫你在網路上找到發布相關內容的人。

意見領袖

看看你的人脈清單，找出在你的人脈圈中影響力特別大的人。如果你找不到，可以從已經接觸到網路受眾的人開始看起，例如部落客、書籍與文章的作者，以及其他與你的目標有關的內容提供者。他們的受眾可為你的人脈清單提供豐富的資源。

○…○…○

練習：利用現有的圈子（十五分鐘）

從企業內部網路或網路上搜尋資訊，找出至少五個與你的目標相關的線上小組或社群。

1. ________________

2. ________________

3. ________________

4. ________________

5. ________________

如果你不知如何是好，可以加入下面這兩個ＷＯＬ社群並探索：

- 臉書：facebook.com/groups/workingoutloud
- Linkedin：linkedin.com/groups/4937010

那裡有誰？他們在討論什麼？只要你關注他們——哪怕只是寫一句簡單的「你好，我正在讀《Working Out Loud》，我有興趣了解更多資訊。」——也會引起世界各地成員的迴響。

根本的人類技能

本章的第三個小步驟是做另一種貢獻，發出另一種小訊號，以加深你與他人之間的關連感。

為什麼簡單的訊號交流會對人際關係產生影響呢？在《高效團隊默默在做的三件事》（The Culture Code: The Secrets of Highly Successful Groups）中[2]，作者丹尼爾・科伊爾（Daniel Coyle）主張，世界上最成功的組織文化「是以一套特定的技能創造出來的，那些技能利用了我們社交大腦的力量」。這些技能中的第一個是「打造安全感」，學習如何交流訊號，以建立歸屬感與認同的社交關係。這些訊號——科伊爾稱之為「歸屬線索」（belonging cues）——傳達了三件事：

1. 我看到你了。
2. 我在乎你。
3. 我們休戚與共。

當我們交流這些訊號時，覺得自己獲得接納，感到安心。無法交流這些訊號時，會有不確定感，日益焦慮。「心理安全」（psychological safety）這個詞似乎更適合套用在實驗室裡，而不是在職場上或家裡，但是Google分析成功團隊與眾不同之處，發現了心理安心「絕對是最重要的」[3]。你愈是感到不安，就愈不可能說出或做某事（例如提出建議或承認錯誤），因為那可能導致衝突或失去地位。不願做出貢獻對個人與團隊都不利。

「歸屬線索」非常重要，連小學都有教。以下是專業學習機構（Professional Learning Board）對SLANT策略的描述：[4]

> SLANT是下面幾句話的縮寫，「坐直（Sit up）；身體前傾（Lean forward）；提問與答題（Ask and answers questions）；點頭（Nod your head）；追蹤講者（Track the speaker）。」這是一種鼓勵及提醒學生在課堂上要專心及積極的簡單技巧。傾斜策略的關鍵在於，有意識地使用積極的肢體語言來提高學習與學生表現。SLANT策略的關鍵是以一種刻意使用正面肢體語言的行為，來促進學習與學生表現。

追蹤講者，目光相接（**我看到你了**）；點頭（**我在乎你說什麼**）；提問與答題（**我們休戚與共**）。以一種能帶來更好的溝通與協作、營造更健康的工作環境與文化的方式來交流訊息，這是一種可學習的技能。它可以很簡單，你將在下一個練習中看到。

練習：與陌生人密切接觸（五分鐘）

最近，我在休斯頓舉辦的一場會議上，聽了科伊爾的演講。他是一個有洞見、聰明又迷人的講者，我的演講場次正好排在他後面！我把他提倡的「訊號交流」比喻成WOL中的「施與受」。演講結束後，在我主持的研討會上，加入了一個練習，內容是讓大家練習表達感謝。一位女性觀眾示範了傳達歸屬線索有多容易。

莎拉・克拉斯（Sarah Crass）用一句話清楚地表達，她正在聽我的演講，對我說的內容很感興趣，而且希望將來學以致用。寫那則推文只花了幾秒鐘，但在研討會上促成了進一步的交流。

既然那麼簡單，為什麼我們沒有更成功的團隊與正向文化呢？為什麼我們不能更輕鬆地建立連結呢？因為最難的部分——溝通的藝術與良好的人際關係——是不斷地練習這些交流，以強化及促進社交關係。那是多數人難以熟練的。我們忘了說出自己的感受，只想迴避不自在的風險，或者我們以為別人早就知道了。

現在就試試看，以莎拉那則推文為例。從你的人脈清單中找一個人或你崇拜的人，私下透過簡訊或電郵，或公開透過社群網路，提供三個歸屬線索給他。

WOL的核心

一萬年前，如果社交圈把你隔絕在外，你會孤立無援而死。如今我們的大腦深處仍有渴望歸屬的本能需求。這可能不再是攸關生死的問題，但我們覺得自己遭到拒絕時，會感到痛苦；覺得自己獲得接納及放心時，則感覺良好。千百年來，為了提高集體的歸屬與生存機會，人類進化出精密複雜的方法以追蹤群體成員的狀態，藉此幫我們合作與協作。

人際連結的基礎是訊號的交流。儘管你才剛剛開始採用WOL，但培養關注他人與感謝他人的習慣，將會改變你與他人往來的關係，也會改變他人與你連結的方式。如果這是你從本書中得到的全部心得，那就夠了。然而，你能做出的貢獻及傳送的訊號遠比你想的還多，你可以在下一章節「連結」中練習另一套方法。

本章重點

- 發展自己與事業的最大障礙之一是忙碌。把時間視為寶貴的資源，切記，優先支付自己。想辦法淘汰最低價值的活動，把時間投入在長期對你有效益的事情上。
- 加快拓展人脈的一種方法，是尋找目標相關者已經聚集的地方，例如線上社群。那是為你的人脈清單發現更多人的方式，同時也可以放大你貢獻的效果。
- WOL的核心是人際間的訊息交流，以建立歸屬感與認同的社交關係。這些訊號（或稱歸屬線索），傳達著「我看到你了」、「我在乎你」、「我們休戚與共」等訊號。我們交流這些訊號時，會感到安心及獲得接納。不這樣做時，會感到不安，日益焦慮。

練習

一分鐘習題

一項研究請每個人估計自己使用手機的時間，再跟實際使用的時間做比較。結果顯示，「實際使用的時間是估計值的兩倍多」，而且「大家鮮少注意到自己查看手機的頻率」[5]。

花一分鐘思考一下自己使用手機的情況。你認為你是有意識地使用，或只是反射動作？你優先支付自己了嗎？

五分鐘習題

那是一次簡短又單純的交流，卻給我留下深刻的印象。午餐時間，我坐在一個人潮眾多的美食廣場中使用筆電工作。人們用餐、歡笑、搬動椅子的嘈雜聲一如往常。我注意到一位清潔人員在上班族之間穿梭，等客人用餐離開後就上前擦拭桌子，以便下一組人來用餐。

他清理我旁邊的桌子時，我對他說了謝謝。他點了點頭，尷尬地笑了笑，繼續擦桌子。幾秒後，他從我身邊走過，傾過身來，目光移開，小聲地說：「謝謝你這麼說。」我想是他的聲音所透露的真誠打動了我，彷彿我的簡單感想對他來說特別寶貴、罕見。

今天，你見到那些平時擦肩而過的人時，可以跟他們打招呼或感謝他們做的事情，藉此給予關注或表達感激。或許是打掃廁所的人、打理園藝的人，或提供其他服務的人，我們往往把他們的存在視為理所當然。當你做出這些貢獻時，注意你的感受，注意對方的表情，也想像他的感受。

□ 開始

■ 連結

□ 創造

□ 領導

5 如何接近他人

如果你讀完本書後，愈來愈懂得站在別人的立場設想，並從對方的角度看事情，這將成為你一生職涯的基石。

卡內基
《卡內基溝通與人際關係》

這件事發生在我二十出頭去紐奧良旅行的時候。我在紐約長大，但沒什麼街頭智慧，也不習慣旅行。所以當有個男人走過來稱讚我的球鞋時，我還停下來感謝他。記得當下我還頗為得意，想到腳下的帥氣球鞋吸引當地人的關注，就不禁沾沾自喜。豈料，他馬上單膝跪下，在我的球鞋上吐了一口口水，開始用力地用抹布擦鞋。我為他的大方感到尷尬，後來他開口跟我索取二十美元，這才恍然大悟。這確實是互利！我只給他十美元就離開了。此後，我開始對陌生人的贈禮抱持著適切的懷疑。

別人如何看待你的貢獻，取決於你們之間的熟悉度，以及你貢獻的方式（無論你是當面、透過電郵，或是在社群媒體上）。如果你深諳訣竅，連向他人求助也可以包裝成一種貢獻。這一章將教你如何接近他人，也提供一些練習幫助你熟悉技巧。

練習：親近程度（三分鐘）

你對某人做出貢獻時，要注意人脈圈中的人際關係深淺差異。例如，你發給朋友求助的郵件，應該與發給陌生人的請求不同。然而，這雖然是顯而易見的道理，大家卻經常犯錯。我們接近信賴的朋友或同事的方式，可能讓對方覺得不近人情。我們初次接觸陌生人的方式，可能讓對方覺得是一種冒犯、不友善。

為了幫你注意親近度的差異，以下是一到五級的簡單分級：

1. 那個人根本不知道你的存在。
2. 你們以某種方式相連（例如你在網上關注他）。
3. 你們有過一次或多次互動。
4. 你們合作過，即使是很小的合作。

5. 你們經常互動，交流想法，互相幫助。

在這個快速練習中，請先瀏覽你在一百四十九頁列出的人脈清單，寫下你和每個人的親近度。這麼做時，切記，你的目標不是和每個人都達到第五級的親近度。你只是想以適合對方信任度與親近度的貢獻，來加深其中一些關係。

三個對你有幫助的問題

我們先天就很容易在腦中盤算，互利行為會不會把貢獻變成人情債。如果你貢獻得太多又太快，可能會引起對方的疑慮（「這傢伙是誰？他有什麼企圖？」），而不是感謝。

以下三個問題可以幫助你改善貢獻的東西與貢獻的方法：

1. 如果我是對方，我會有什麼反應？
2. 對方為什麼會在意？
3. 為什麼我要這樣做？

第一個問題是喚起同理心，讓你更注意自己的措辭。第二個問題幫你把焦點放在那件事對對方的價值上，而不是對你的價值上。第三個問題幫你檢討自己的動機，在必要時給你重新思考的機會。這三個問題結合起來，可以改善你交流的語氣。當你站在他人的立場思考，把你的貢獻塑造成真心誠意的禮物時，就不會給人一種強迫中獎的感覺，也不必擔心遭到拒絕。檢討自己的動機也可以避免你操弄他人或不真誠，或做一些讓你不自在的事情。

高汀把有效往來的語氣描述成「自信的聲音」。也就是說，你接觸他人的方式是「大方的，而不是傲慢的；是為了解決問題，而不是有求於人；是為了助人，而不是自私」[1]。當你接近某人時，表現出大方、樂於助人的樣子，會比表現出傲慢、自私的樣子，感覺更自在。這道理看似顯而易見，但在實務上，有些人做出貢獻時常給人傲慢、別有居心、自私的印象，而且還常不自覺。

以下幾個練習可以讓對方更願意接受你的貢獻。你可以把它們視為在不同情境中對不同類型的人培養同理心的方法。

練習：收件匣同理心遊戲（十分鐘）

你可以在你的電郵收件匣中找到同理心（或缺乏同理心）的例子。這個練習的靈感是源自八十多年前出版的《卡內基溝通與人際關係》：[2]

> 如果說成功有什麼祕訣的話，那就是理解別人的觀點，不僅從自己的角度看事情，也從別人

的角度看事情。這道理如此簡單，如此明顯，任何人應該都能一眼看出真相，但世上有九成的人在多達九成的時間中忽略了這點。舉個例子，看看明天早上擺在你桌上的信件吧，你會發現多數信件與這個重要的準則背道而馳。

以下是我從專業業務員收到的一則真實訊息。如果你收到這種訊息，會有什麼感覺？你會急著回應，還是有點惱火呢？

你收到我上一封電郵了嗎？我想延續前幾次與你的聯繫。

看看下面幾個實例。如果你收到這些資訊，你會有什麼感覺？每則訊息中，缺了什麼同理心？

實際的電郵文字	缺乏同理心之處
「我想請你吃飯，聽聽你的意見。未來兩週，你哪天有空？」	
「你有時間聊聊或見面嗎？如果可以見面談二十分鐘，我會很感激。」	
「請讓我知道你何時有空，因為接下來幾天我有時間。」	

這種資訊很常見。人們常主動徵詢你的意見，或者以請你喝咖啡為由，藉機交換資訊。他們不是壞人，那樣做也不是可怕的事情。只是發信者若能多花點時間思考對方閱讀那則訊息的感受，應該可以獲得更好的回應。這就是同理心。如果發給我那三封信的人自問過那三個問題，他們應該會使用不同的措辭，從而增加正面回應的機率。

看看你自己的收件匣吧。尋找那些惹惱你或缺乏同理心的信件或句子，然後寫下你挑出它們的原因。試著舉出五個例子。這些例子在接下來的練習中也用得上。

例子	缺乏同理心之處

問：為什麼你一直強調同理心？

為了讓你的分享感覺像是一種貢獻，你需要練習，而最好的工具或技巧就是同理心：「別人閱讀我寫的東西時，有什麼想法？」寫信時謹記這點，對方更有可能閱讀及接納你的訊息。在《卡內基溝通與人際關係》一書中，卡內基引用二十世紀實業家歐文・楊（Owen D. Young）的話：「能夠設身處地為他人著想、理解他人思維的人，永遠不用擔心未來會發生什麼。」

練習：獲得他人的關注（十分鐘）

上一個練習的目的，不是為了批評別人，而是為了幫助你了解什麼是無效溝通，並思考如何改進。現在你可以把心得運用在這裡。

這個練習是提供另一種簡單的貢獻：分享你覺得有趣或實用的資源。訊息不需要很長，但要真誠，發自內心。你的訊息應包含以下三個元素：

1. 欣賞：顯示你注意到收件人了。
2. 脈絡：說明你為什麼想到他，尤其他和你分享的東西有什麼關係。

3. **價值：描述那對收件人的潛在效益。**

比方說，我發現一些自己認為非常實用的內容，我想到某人可能也會覺得那很實用。我寫訊息時，會先設身處地為對方著想，預料對方可能心想：「這傢伙是誰啊？為什麼他要寄這個給我？我該怎麼處理這個東西呢？」以下是一例：

主題：三份妳可能覺得實用的新聞稿

嗨，麗莎：

我看到妳的推文寫道，妳在公司裡創立一個WOL圈，那實在太棒了！

我想妳可能會覺得這些新聞稿很實用。前兩份是來自博世（Bosch），那是一家有四十萬名員工的全球公司，他們正在推廣WOL。其中一份新聞稿是說明他們為什麼要推廣WOL。另一份是關於WOL的訪談，訪談對象是一位負責人力資源的董事。最後一份新聞稿來自戴姆勒（Daimler），裡面引用了一段勞資總會會長的精彩談話。

http://www.bosch-presse.de/pressportal/de/en/the-future-of-work-virtualexpert-networks-bocst-effectiveness-135872.html

http://www.bosch-presse.de/pressportal/de/en/working-out-loud-at-bosch137280.html

https://media.daimler.com/marsMediaSite/en/instance/ko/DigitalLifeaDaimlertransformation-of-the-working-world-Daimler-and-Bosch-hold-the-firstinter-company-Working-Out-Loud-conference.xhtml?oid=41686666

如果有人問妳，WOL對公司有什麼好處及為什麼，這些文章很適合在職場上分享。

祝妳一週愉快！

約翰

現在輪到你了。選擇一篇文章、一本書，一支影片、一段TED演講，或你想分享的其他資源，寫在這裡：

接著，自問：「這可能對誰有助益？」試著列出三個人：

最後一步是利用你喜歡的平台——電郵、簡訊、推特、臉書或LinkedIn——與你列出的三個人中的至少一人分享你挑的資源。你與對方的關係愈不親密，挑選的管道要愈沒有侵入性。例如，在推特或企業內部網路中@對方，既不算干擾，也不算負擔，但是直接傳簡訊給對方就有可能既是干擾，也是負擔（電子郵件則是介於兩者之間）。

問：無意冒犯，但我認為你那封信寫得很糟。

太棒了！那表示你注意到什麼是有效溝通了。也許你覺得那封信太長了？或我寫的方式看起來不太真誠或有點自私？還是三個連結太多了？你可以利用這些觀點來改善你的訊息。

問：我以為WOL需要使用社群媒體，但這些練習經常提到電子郵件，為什麼？

WOL不要求你一定要使用社群媒體。你可以使用傳統的管道——甚至一邊喝咖啡一邊聊天——以一種助人的方式來分享你的工作。但電子郵件仍是多數組織中最主要的溝通方式，非常適合以個人化的方式與某人分享某些東西。

使用社群平台有一些好處，在那裡分享工作可以讓更多人知道你是誰、你在做什麼，擴展你的影響範圍，擴大你的貢獻內容及貢獻方式。但是，如果基於某些原因，你不想使用社群媒體，那就先使用自己習慣的管道，這樣做你更有可能進步。

問：那感覺很假。

如果感覺很假或不真實，就停止吧！只給予真誠的禮物。例如，如果你覺得那個資訊並不是真的實用，就不要假裝分享實用資訊。另外，切記，不要擔心對方的反應。期望獲得回應往往會毀了贈禮的美意。

做出貢獻應該會讓你感覺很好。如果你對人脈清單上的人做出貢獻時沒有正面的感覺，可以反思一下你提供對方什麼，以及如何提供。

抗拒感的來源與克服方法

我記得自己坐在一個房間裡，我在ＩＴ部門任職，當時正在跟ＩＴ部門的幾位高階經理談我導入公司的新協作平台。那個軟體顯示出一個文字方塊，讓使用者可以在裡面分享東西，就像前面的練習那樣。在場的所有經理都認為那是員工分享知識的好方法，也是領導者溝通的好方法。然而，他們都沒有用過那個功能。為什麼不用呢？

其中一位經理跟我很熟，他在公司裡掌握了數億美元的預算，也管理龐大的團隊，他告訴我：「我不知道要說什麼。」他是個非常聰明又有自信的高階主管，但那一點點自我懷疑就足以阻止他做他知道對自己、團隊、公司有益的事情。

我們的原始大腦一直想要保護我們，以免受到威脅，但分享東西就像走到大草原一樣，你覺得自己好像暴露在險境中。「萬一我說了蠢話怎麼辦？萬一他們不喜歡怎麼辦？」安全的做法是什麼都不做，但這是雙輸的情況。你錯過了與他人交流的機會，其他人也錯過了你原本可以貢獻的東西。

如果你擔心自己的貢獻不夠好，切記，在這個WOL的練習點上，你的焦點是放在提供小禮物，這不是高風險的活動。即使有人不喜歡你分享的東西，如果你是從私人的角度以真誠的方式分享，他們也會欣賞你的體貼與關注。一份禮物的價值，往往跟你給予的方式有關，與禮物本身的價值比較無關。此外，請記得前面第三部分第三章的大方分享度測試。當你做出真心的貢獻而且不抱期望時，你更容易付出，別人也更容易接納。

多練習幾次，你會對各種貢獻愈來愈得心應手。在下一章中，你會看到即使是很小的步驟，也能促成有意義的結果，使更大的行動更有可能發生。

本章重點

- 你的人脈網中，有些人際關係會比其他的關係更親近、更有意義。對方是否接納你的貢獻，取決於你與他的熟悉度以及你如何贈送禮物，無論你是當面贈送，還是透過電郵或推特。
- 你接近某人時，發揮同理心及留意自己的意圖是最重要的事。「如果我是對方，我會有什麼反應？為什麼他要在乎這些呢？為什麼我要這樣做？」
- 當你在分享自己覺得實用或有趣的資源時，記得在訊息中包含欣賞、脈絡與價值。這樣做可以幫對方理解你為什麼要寄那個東西，以及為什麼你會特別想到他。這讓他更容易接納你的贈禮。
- 自我懷疑會讓你覺得什麼都不做最安全，但你會因此錯過了與他人交流的機會，而他人也錯過你原本可以貢獻的東西。
- 即使有人不喜歡你分享的東西，如果你是從私人的角度以真誠的方式分享，他們也會欣賞你的體貼與關注。

練習

一分鐘習題

想一下你最近收到哪則訊息讓你覺得你與寄件者的關係更緊密了。那則訊息有哪些特質讓你產生這種感覺？試著找出你如何運用一些類似的元素，讓別人感覺與你更親近，使你的訊息顯得更有人情味、更吸引人。

五分鐘習題

下面是另一個同理心練習：想像一下，你收到一個LinkedIn的連結請求，對方是以LinkedIn提供的制式措辭來發送訊息：「我想加入你的LinkedIn網路。」

你會有什麼感覺？如果你跟我一樣，你可能會想：「天哪，他連花三十秒的時間，寫一段個人化的訊息都不肯！」在LinkedIn上提出建立連結的請求，是一個練習同理心的機會。每一次提出請求都應該個人化。

現在，從你的人脈圈中挑一個已經有互動的人，向他發送個人化的請求。如果你還是不確定要發給誰，可以發給我，並加上個人化的問候。（你可以告訴我，你正在讀這本書，或你覺得哪一部分對你有幫助。我刻意不放例句在這裡，因為我希望你自己寫。）

有些人可能覺得LinkedIn讓人比較難發出個人化的請求，尤其是從手機發送。你可以上網搜尋教學指南，或是向朋友求助。或者，你之前忘了發送個人化的請求，現在你可以發電郵去解釋為什麼你想建立連結。你的個人化訊息會在對方收到的電腦制式請求中脫穎而出，所以值得花時間把它寫好。（編注：相同邏輯也可運用在臉書或其他線上社群，做同樣的練習。）

6 以貢獻深化人脈關係

我是我，不是別人，這是我的一大資產。

——村上春樹《關於跑步，我說的其實是……》

你還記得第一部分第一章中說自己卡在「最糟的工作」中、為公司設計Lotus Notes資料庫的瑪拉嗎？藉由WOL，她發現其他人與其他專案，最後在公司中創造出一種新的工作。幾年後，她有了另一個目的：她想回家鄉。瑪拉在紐西蘭生活了很長一段時間，許多家人仍在那裡。她來倫敦工作，喜歡這座城市，但她想念紐西蘭的自然美景，也覺得那裡的學校更適合孩子，問題是找工作很難。

「你覺得公司願意轉調我回家鄉嗎？」她問我。

也許吧。然而，紐西蘭分公司只有幾十名員工，所以機會渺茫。「但是瑪拉，」我說，「這個國家有四百五十萬的人口。如果你把目光也投向其他公司，機會更大。」

實際上，把眼光放大等於是買職涯保險。如果她只是痴痴地等候老闆與紐西蘭分公司的核准，那等於是把命運交到別人手中。但有意義地探索更好的多元機會，即使最初的希望落空，她還是可以創造出其他選擇。這為她帶來更多的自主性，也減少焦慮。

開始做出更大的貢獻

瑪拉做了你在「開始」那一章節所做的一切事情。她寫下目標、列出人脈清單、上網搜尋、開始追蹤一些人、對一些事物按讚。

「下一步該怎麼做呢？」她問我。

接下來發生的事情就是一例。這個例子顯示，當你養成做出小貢獻的習慣後，會發生什麼。瑪拉的人脈清單上列了紐西蘭某大公司的執行長，瑪拉很喜歡那家公司做的事情，看到那位執行長在推特上很活躍，所以在推特上追蹤了他的帳號。接著，她開始瀏覽他的推文，偶爾轉發一些推文或表示感謝。一度，那位執行長簡單地回覆了一句「謝謝」。

這些互動都不需要花什麼心力，也不必冒險，但瑪拉已經從「他不知道我的存在」變成「我們已經互動了」。接下來，事情開始出現有趣的發展。在其中一條推文中，執行長抱怨公司使用的社交平台。這正好是瑪拉有想法的主題，所以她回了那則推文，執行長請瑪拉寄一封電郵給他，以說明詳情。啊哈！這就是一種不同的貢獻了，需要花更多的心思與時間。但是對執行長來說，那可能更有價值，也能加深他們的關係。瑪拉精心撰寫那封電郵，使它夠長，以涵蓋一些好點子；但也要夠短，好讓對方閱讀吸收。結果，對方回信了，那些信件交流促成他們後來透過Skype通話，之後又打了一通。那些通話使瑪拉更了解執行長面臨的問題，也讓她更了解自己還能做哪些貢獻。現在她已經把雙方的關係從「我們已經互動了」變成「我們正在合作」。

受到這些互動的鼓舞，瑪拉繼續尋找與她的目標與貢獻方式有關的其他人，她的作法幾乎總是從關注與欣賞開始。她幾乎能夠與任何人連結，並於認識後進一步加深關係，這些能力令她驚奇。她看到擴展的人脈為她開啟了接觸更多知識、經驗、他人、機會的途徑——這些都可以幫她提高實現目標的機率。當她的一項貢獻促成了她與紐西蘭前總理的某次交流時，瑪拉興奮極了，她說：「這簡直像魔法一樣！」

練習魔法：五大要素

瑪拉的例子說明，當你把WOL的五大要素付諸實踐時，接觸及吸引人變得多麼容易。

有意義的探索：瑪拉有一個目標（在紐西蘭找到工作），那有助於探索與學習。她愈常落實這點，就發現愈多的新人選與機會。

人脈關係：瑪拉大可把目標分解成一系列她應該執行的任務，但那等於假設她知道實現目標的路徑。瑪拉探索目標的方式是建立人脈關係，那些人脈關係讓她看到實現目標的不同方式，包括一些她從未想過的方式。

大方分享：瑪拉發現有人可能對她有助益時，她不是馬上上前為他擦鞋，提供對方沒有要求或不想要的東西。而是先仔細了解對方，給予關注與真誠的欣賞。她用心地展現大方，因此有機會與世界另一端的陌生人培養更深厚的關係。

工作能見度：在提供通用的禮物後，瑪拉有機會透過電郵，向那位執行長提供一些與她的技能和經驗相關的東西。她也確保別人可以輕易找到她的簡介與線上貢獻，更容易看到她及她的工作成果。（後續幾章會談到如何做。）

成長心態：最後，瑪拉以開放、好奇的心態完成了整個流程。即使電子郵件寫得不完美，或Skype通話不順利，或對方毫無回應，她也盡量不去擔心或生悶氣。她只把焦點放在盡力而為，從發生的任何事情中學習。這種心態使她能夠持續地行動，嘗試新事物，獲得進步與個人發展。

相較於瑪拉建立的那些人脈關係，更重要的是她因此培養了自信與習慣。在接下來的幾個月裡，她在公司內外建立了愈來愈多的連結，覺得自己彷彿掌握了整個流程，而不是只能枯等決定。結果，公司確實批准她轉調到紐西蘭。當她搬回紐西蘭時，在當地已有強大的人脈，還寄給我全家人在美麗海灘上微笑的照片。

當然，不是每個人落實WOL都能結識國家領導人與執行長，但你可以靠WOL培養自信與人際關係，那將把你帶到意想不到的地方。以下是另一個例子：

芭芭拉發現全新的世界

在前面第三部分第二章中，芭芭拉原本不知道該挑什麼目標，最後選了她真正感興趣的主題：跟她的嗜好有關。

我想找到跟我一樣熱愛族譜學並探索相關可能的人。

為了建立人脈網，芭芭拉開始尋找像她一樣的人，包括部落客、舉辦族譜會議的人，以及專門從事族譜研究的公司。她在網上關注他們，透過電郵與推特的交流，她甚至在某個熱門的族譜網站上刊登了一些她寫的內容。後來，她發現有人為公司做族譜，連她任職的公司也有成立公司史的社團。於是，她得知有人靠製作公司的歷史——包括書籍、紀錄片、線上內容——為生。她最喜歡的例子是德國呂貝克市（Lübeck）某家公司的線上歷史。她聯繫該網站的負責人，因此發現德國與歐洲各地都有檔案保存協會。

芭芭拉看得愈多，學到愈多。套用她的說法，那就像發現一個充滿各種可能的「全新世界」[1]。

她有生以來第一次思考，能不能把她對族譜學的熱愛與公司內部的工作連在一起。例如，或許她可以為公司史的社團宣傳成果。

儘管如此，她還是很緊張。直接發信給社團的社長似乎太冒昧了。想到直接跟陌生人聯繫，就令她焦慮不安。為了克服自我懷疑，她採用上一章的方法，寫信時從同理心與大方分享的角度出發，而不是出於利己。那封電郵只有短短幾句話，一開始先對社長所做的一切表達欣賞，並表示若對方感興趣的話，她很樂於幫那個社團舉辦一些活動。當她立即收到回覆時，又驚又喜，因為對方不僅在回覆中表達熱情的感謝，也提出通話的請求。後來，芭芭拉還寫信告訴我他們通話的情況。

> 太棒了！我再次滿心歡喜，笑逐顏開。他寄給我一些例子，並直接問我的看法，以及我是否有其他的點子……☺

她寫信告訴我：「這樣做真的有效。我本來很緊張，不敢主動聯繫他。」就像瑪拉的經歷一樣，芭芭拉的有益貢獻促成了更多的互動，也促成更多種加深人際關係的方法。後來她幫公司史社團舉辦了一場活動，也因為在公司的社群網路上吸引了更多人，而讓更多的同事認識她。雖然平常上班還是得看複雜的試算表，與企業內部的歷史專家合作讓她覺得，她可以在工作中實現自我。她對自己的學習與人脈網絡有了更多的掌控，經常以有意義的方式認識新的人事物、想法與可能性。

幾個月後，公司的一位高階主管注意到芭芭拉在公司內部網上發表的東西，問她願不願意加入他的團隊。他從未見過芭芭拉，吸引他注意的也不是芭芭拉的試算表或族譜技能，而是她在網上交流與合作的方式。他需要這些技能來推動一個新的轉型計畫，那個計畫需要重組ＩＴ部門的很大一部分。他們通了電話，幾週後，她搬到倫敦，展開新工作，開啟職涯的新階段。芭芭拉寫道：「ＷＯＬ改變了我的生活。」[2]

問：但我依然不確定自己是不是選了正確的目標。我可以換目標嗎？

當然可以。許多人花了幾週思考目標並採取行動後，才發現啟發他們做出調整的事情。那很棒！學習及自我認知——例如知道自己喜歡什麼、不喜歡什麼——是這個流程中很自然的一部分。最好能改變目標，享受過程，而不是頑固地堅持那些無法激勵你做練習的事情。切記，透過練習，你將培養出可以應用在任何目標上的技巧、習慣、思維方式。

逐漸培養一種關連感

幫瑪拉與芭芭拉朝著目標前進的是，他們練習尋找與目標相關的人，並思考自己可以為那些人提供什麼。他們調整注意力，因此開始看到以前沒想過的連結與貢獻。

我們可以看到，不是單次的貢獻影響了瑪拉與芭芭拉。而是長時間下來，連串多元的貢獻產生了累積效應，促進了一些關係的深化。在諸多貢獻中，其中一項可能為你帶來驚喜。

另一種普世通用的禮物

你是否有過這樣的經歷：在一屋子的陌生人中，發現有人跟你讀同一所學校？或是同鄉？或有同齡的孩子？光是發現你們有一個共同點，就可以讓你對那個人的感覺有所不同。不知何故，你感覺自己似乎更了解對方了。

這種事情看似隨機發生，但是當你注意到自己的許多個人資訊可以深化人脈關係時，就可以提高這種事情發生的機率。例如，以下十個事實，當你以正確的方式分享時，可以改變你與他人的關係。

關於你的十個可能經歷

1. 你是否有孩子，以及孩子的相關經歷。
2. 你出生的地方。

3. 你住過的地方。
4. 父母的家鄉。
5. 你工作的地方。
6. 曾經度假的地方。
7. 你必須面對的身體挑戰。
8. 你經歷過的職涯挑戰。
9. 你讀過的學校。
10. 你喜歡做的事情。

我這輩子大部分的時間，很少想到這些平凡的經歷，更遑論把它們視為貢獻。但我在工作上偶然遇見一件事，徹底改變了我的觀點。當時我在一家投資銀行的交易廳工作，負責支援一位個性火爆、令人望而生畏的資深同事。如果當時我有一份人脈清單，他肯定會在那份清單上。但除了工作上的支援以外，我還能為他提供什麼呢？

在那件事情發生以前，我們的互動向來一板一眼，也很密集，但我們只談公事。後來我得知他的兒子正在申請紐約市的高中，我提到自己曾就讀的瑞吉斯高中，而且非常喜歡那裡。他聽了以後，眼睛為之一亮，他正想把兒子送去那裡就讀。「你能跟我們談談那所高中嗎？」他問道：

「也許你可以跟我兒子談談？」後來，我和他一邊喝咖啡、一邊聊了很久，他非常感激。我們的關係也變得更深厚了。

你可能覺得這沒什麼，但這種事情經常發生。你給別人提供旅行建議、你透露自己的孩子生病時你學到什麼、你推薦某人去自己最喜歡的餐廳。通常這種交流看似純粹的巧合或運氣。但是，如果你注意到你有那麼多東西可以分享，做那種貢獻的機會就會大大增加。

下面是我自己列出的一些經歷，它們是我與他人建立連結的基礎。你可以把它們看成讓我對他人經歷更加好奇的貢獻。那些事情促使我提出更多的問題，更用心地傾聽答案。

我自己的經歷

1. 我在紐約市出生，一輩子都住在那裡。
2. 我有五個孩子。
3. 我有一半德國、一半義大利的血統。
4. 我太太是日本人。
5. 我經常前往日本與德國。
6. 我四十幾歲時開始吃素。

7. 我母親有糖尿病。
8. 我就讀瑞吉斯高中與哥倫比亞大學。
9. 我讀電子工程系。
10. 當了三十年的上班族後，我自己創業。

○…○…○ 練習：能提供的東西太多了！（十五分鐘）

現在拿出一張紙，列出你自己的清單，試著列出五十件關於你的經歷。你可以參考上面的例子，然後思考你的生活中可能對他人有助益的經驗。

問：我只能列出十二個經歷。

沒關係。光是練習並思考你能提供什麼，就是邁出正面的一步。我第一次做這個練習時，掙扎了很久，因為我以為清單上一定要列出什麼豐功偉業。現在我知道，只要我把任一項經歷重新定義成貢獻，別人可能會對我的經歷感興趣。當然，不是每個人都喜歡你提供的禮物，但總有人會喜歡。

問：我不喜歡把生活與工作混在一起。此外，這樣做怎麼可能會有影響力呢？

你還記得第二部分第三章那個電車問題，以及人際關係對答案的影響嗎？在實驗中，與另一個人的關連感會影響實驗參與者的生死抉擇。即使你和別人的共通點微不足道，那也是銜接你們的橋樑，可以用來提供額外的貢獻。

至於要不要把「生活與工作混在一起」，那完全取決於你。你不需要在推特或LinkedIn檔案上發布你的所有經歷。這個練習的目的很簡單，它是為了幫你了解，你可以貢獻的東西其實很多，很多東西都可以變成你與他人建立有意義連結的基礎。例如，你可能因此提出更多的問題，或注意到以前沒注意到的線索。只要多留心，就可以建立或加深更多的關係。

人性。潛力。

我們舉行WOL講習會時，把與會者分成五人一組，他們彼此都不相識。分組完成後，我們讓他們做上面的練習：列舉五十個自己的經歷。他們開始靜靜地書寫。接著，我們請他們分享及比較那些經歷，並尋找共通點或令人驚訝的經歷。

大家通常會停頓一下，陷入緊張的氣氛，心想：「誰先開始？」接著，大家開始吱吱喳喳地討論，把身體靠得更近，有人開始微笑或大笑。本來這個研討會看起來像專業的商業活動，現在變成人性化的交流。他們發現彼此之間的共通點比原本所想的還多。他們發現坐在對面的人比想像的更有意思。

在職場上，許多人覺得自己必須躲在專業的面具後面。但一般人並不想和面具打交道，他們想和其他人共事。我們與他人相處的能力，可以讓自己表現得更好，也讓自己感覺更好。這就是為什麼村上春樹說：「我是我，不是別人，這是我的一大資產。」瑪拉、芭芭拉、這本書中其他人的故事，以及所有的貢獻練習，都是為了幫助你了解三件事：

- 你能提供的東西遠比自己想像的還多。
- 做出廣泛的貢獻（讓你成為「你」的一切特色），可以幫自己發掘更多的潛力。
- 久而久之，你的貢獻會加深你與他人的關連感。那種感覺會為你、人脈圈裡的人、公司提供更多的效益。

其他的事情也會發生。當你做出更多的貢獻，建立更多的連結時，信心也會增強。你會開始想：「我還能做什麼？」思考自己的長期目標與可能性則是下一章的主題。

本章重點

- 你能提供的東西遠比你想像的還多，包括關於你的許多經歷。那些經歷可以是你與他人的共同經驗及建立連結的基礎。
- 關連感會影響我們對待彼此的方式。
- 產生影響力的通常不是單一貢獻，而是長時間下來的連串貢獻，那會產生一種累積效應，加深你與人脈圈中某些人的信任與關連感。

練習

一分鐘習題

人脈清單上的一些人可能已經與我們失聯了。時間愈久，我們可能愈感到不安，覺得關係愈難挽回。現在你就可以改正這個問題。

從人脈清單上挑一個你一直想聯繫、一起吃個飯的人。你可以把訊息寫得更有人情味一點：

「我常想到你，也懷念以前的相處，有機會一起吃個飯嗎？」你先看自己的行事曆有哪些空檔，主動提議三個日期作為選項。

五分鐘習題

這種事很常見，所以多數人從未想過。寄給我的電郵中，有高達九成的人犯這種錯誤。雖然這個錯誤只需要幾秒鐘就能改正，但他們每天都重複同樣的錯誤，每次都錯過機會。

究竟是什麼錯誤呢？**在電子郵件的最後，不寫個人化的結尾。**

也許你使用的是自動簽名檔，所以每封電郵的最後都附上同樣乏味的短語（及冗長的聯絡資訊）。又或者，這只是一種習慣。無論是什麼原因，你都可以做得更好。訊息的結尾是一種訊號。如果你使用自動或非人性化的結束語，等於是告訴收件人，對方不值得你花幾秒鐘的時間特地為他寫點東西。

當你避免使用制式的「Kind regards」時，就多了一次提供連結感的機會。你可以把結尾視為一種同理心的練習，心想「如果我收到這封信，我有什麼感覺？」結尾不需要太長或太親近，當然也不能不真誠。你只需要添加一些與訊息上下文有關的個人用語，例如：

「再次感謝您的來信。我很感激。」

「週末愉快，來自紐約的祝福！」

「期待週四的通話，每次通話都很開心。」

記得展現差異。這個世界充斥著非個人化的交流。當你添加一點人情味時，就能脫穎而出。

下次寫電郵時，別忘了以個人化的訊息作結。

7 更大的目的

未來無法預測，但可以創造出來。

丹尼斯．蓋博（Dennis Gabor）
《創造未來》（Inventing the Future）

對一些讀者來說，這可能是書中最重要的一章。在第三部分前面「開始」那個章節，你確定了一個短期目標，以便養成新習慣時，幫助你聚焦及指引WOL活動。現在，在引導你了解一些更進階的貢獻與技巧之前，我想給你一個機會，讓你退一步思考一下，為什麼要做這些事情。抱持比較長遠的觀點可以幫助你敞開心扉，接納你可能不敢考慮的更多可能。

對未來的展望

在《自我指導》（Coach Yourself）一書中，安東尼．格蘭特（Anthony Grant）與珍．格林（Jane Greene）提到一種方法可以幫你決定什麼對你很重要、什麼是你該關注的：你想像自己在未來，給現在的自己寫一封信。這是一個看似簡單的練習，你選擇一個幾個月後或幾年後的日期。接著，想像你未來過得很好，現在到那時候之間發生什麼事；想像你很成功，過得很充實，你有什麼感覺。該書中的多種例子顯示，這種信沒有正確的寫法，唯一的共通點是：真誠。作者對於你想像未來時如何寫出真誠的信，提出以下建議：1

> 為了讓這封信顯得真實、發揮效用，你需要投入情感。動筆寫下來似乎有一種特別的力量，可以幫你直達內心深處。

我自己的信

我去上法拉利的「人脈大師學院」課程時，第一次做類似這樣的練習。他要求我們寫下夢想與目標，扼要地寫下長期願景，以及三個具體的結果，以便衡量我們是否實現願望。他也叫我們說明，若不追求目標，會有什麼感覺；若去追求目標，又會有什麼感覺。

我記得第一次做那個練習時很緊張，其實那些東西根本不會跟大家分享，奇怪的是還是會感到緊張。然而，當我一放下焦慮，放手去寫時，還記得當時有一種好似可以嚐到未來的感覺。以下是我寫的信：

我的夢想／目標

在幾個不同的國家，一次住上好幾個月：日本、法國、西班牙、義大利（前四名）。

我想寫東西（公開的書寫——也就是說，不只每週寫工作部落格而已，這至少是個開始），並與受眾相連。

我想創作！寫書、開發軟體與其他專案，亦即大家會使用及喜愛的東西。

我想做一些真正有助益的事情，尤其是弱勢孩童的教育，他們通常沒有機會獲得教育（我因為就讀瑞吉斯高中而受惠，免學費的獎學金改變了我的人生）。

哦，還有財富自由……其實我不介意為了謀生而工作，但我的夢想是能夠研究／撰寫／演講／發表想法，以及與人相連。也許理想的「工作」是像麥爾坎．葛拉威爾（Malcolm Gladwell）、克雷．薛基（Clay Shirky）、高汀或法拉利那樣。

闡述願景

我想要在十年內成為思想的倡導者，並且積極寫作、演講、與人連結。（現在就採取行動！）

我怎麼知道自己是否達成？

我將會寫一本書或其他值得關注的內容，吸引兩萬人以上閱讀。有人付錢請我去演講。我可以靠寫作、演講、（只做一些）諮詢維生。

如果我不追求目標，會有什麼感覺？如果我追求目標，又會有什麼感覺？

如果我現在不追求夢想，我會繼續維持現狀，接著……我的特質會逐漸消失。我對於自己沒有做「更多」的事情會感到失落，而且那種失落感會愈來愈嚴重。我會一直擔心未來二十幾年賺的錢不夠用。我一輩子都會受到前面那幾句話的影響。

如果我現在就開始追求目標，我會愈來愈快樂，而且……我內心的平和感與平靜感會更強烈。我的精力與熱情會與日俱增。家人會很高興，因為我活在「當下」，感到快樂。

寫完這篇文章四年後，我在《自我指導》那本書裡看到這個練習，想起我做過類似的事情。於是，我把以前寫的那封信拿出來，重讀一遍。令我驚訝的是，裡面有很多事情已經實現了，或依然感覺是對的。展望未來並把它寫下來，似乎塑造了我的思想與行動。

放膽去做

從未來寫一封信給自己是WOL圈第七週的練習，有些人會在網路上提到他們的信，或透過電郵與我分享他們的信。例如，工程師貝娜黛特寫信告訴我，她最初的目標是在公司裡找到新職位，但採取一些小步驟後，她變得更有自信，開始想得更廣，思考一些可以充分發揮天賦與抱負的其他選擇。不久，她開始放膽作夢，決定徹底改變路線。

她寫信告訴我WOL第七週的經歷，並分享她的故事。她寫道：「這感覺實在太棒了，感覺我是在『做自己』。」[2]以下是她的信：

未來的我寫給自己的信：有時你需要朝著目標邁出更大的步伐

你有沒有想過實現夢想是什麼感覺？

我在一家大公司工作，幾個月前加入了一個WOL圈，目標是在公司內部找到新工作。我是音學工程師、作曲家，也是音樂家，在排氣管公司的聲音開發單位找到一份工作，但我很快就意識到我入錯行了。

進入公司一年後，我加入WOL圈，開始努力拓展人脈及尋找新機會。我的人脈很強，但偏偏就是找不到新工作，心裡有許多希望與夢想。到了WOL的第七週，這是最棒的一週，我給自己寫了一封信。那項任務很簡單，我傾聽心聲，文字就像行雲流水般自然湧現。好吧，其實幾年前我就做過那個夢，只是我從來沒邁出第一步，因為我覺得時間點不對。但想法開始形成並日益成長：實現願望的計畫，打破常規，做一些完全不同的事。

幾週前WOL圈結束了，我與工作上的同事道別。我終於邁出以前畏懼的一大步，對徹底改變的生活充滿了期待。我與夥伴將一起揚帆啟程。身為冒險家與音樂家，我要乘著一艘十二米長的帆船，展開一次壯遊，載著鋼琴出去作曲。

我想分享我的故事，告訴大家實現夢想是有可能的，同時也幫他們實現渴望的事情。現在我正在製作最初幾支影片，以便上傳臉書及YouTube跟大家分享。我也在部落格上發了幾篇文章。我不習慣在網路上活躍，一開始公開書寫感覺有點怪，但WOL的原則幫我變得更有自信，也幫我在過程中分享自己的故事。習慣生活中的新事物需要花點時間，這很正常，但是探索與了解這個世界，尤其是了解自己，實在很美妙。

開創自己的路

有時你知道前進的方向並不適合你，但又不確定要轉向哪裡，所以你仍然持續前進，日益感到不滿。或者，你只是覺得生活應該可以提供你更多的東西。雖然你的人生道路可能與貝娜黛特不同，但我們都可以在生活中找到更多的意義與成就感。

想像未來並寫信給自己，可以幫你思考什麼對你很重要，並發掘改變人生方向的潛力。伊莎貝拉是在德國舍弗勒集團（Schaeffler）工作的女子，她有這樣的經歷，並上推特發文寫道：「我花了很多時間尋找人生目標，一直找不到。後來我加入WOL圈，才七週就找到目標，這實在太瘋狂了。」在IBM工作的索馬雅在推特上發文：「進入WOL的第七週！未來的我寫給自己的信——我甚至不知道我的潛意識裡已經有長期目標了，這個練習讓我意識到這點。@johnstepper這一招簡直是天才。」

思考你的未來可以幫助自己塑造未來，這個道理似乎顯而易見，但我知道這個練習可能令人感到不安。我在「人脈大師學院」寫下那封信後，又過了十年才又寫了一遍。

十年後

每次我更新WOL指南時，都會告訴自己：「我真的應該再寫一次未來信了。」有些人說我第七週使用的例子根本不算一封信時，我告訴他們：「對，我真的應該重寫一封了。」我把「請未來的我寫一封信」這件事列在待辦清單上，甚至開始打草稿，但年復一年，我內心一直有一股抗拒更新的力量。也許我怕未來發生什麼，或是怕寫下成功的樣子會顯得太自以為是，畢竟那些事情根本還沒實現。

後來，有人在網上發文說，這個寫信練習對他們來說很難，那個評論給了我需要的靈感。我心想：「如果連我自己都做不到，怎麼要求別人嘗試呢？」所以，以下是未來的我重新寫的信。

WOL指南說，這封信是為自己寫的，不是為了讓別人對你刮目相看。我寫這封信時，就是抱著這種想法。現在我把這封信拿出來分享，作為另一個公開的例子，讓大家知道這種信長什麼樣子，也公開提醒自己，我想完成什麼。為了幫我完成這封信的撰寫，我把時間往後推得比一般的未來信更遠，那樣做讓我比較放心。

二〇三四年四月二十四日

親愛的約翰：

現在是二〇三四年，這是一個只會在科幻小說中看到的數字。（我還記得在歐威爾那個年代，《一九八四》是一個遙遠的未來。）現在我七十歲了，更確切地說，我們已經七十歲了，恭喜我們活了那麼久。

這些年來，很多事情發生了，有些是你樂見的，有些是你以前不敢想像的。不過，振作起來，這一切都得來不易。

我們家過得很好，孩子都很棒。當你的為人處世愈來愈自在時，別人與你互動以及在你身邊也會感到比較自在。我們達到這個境界的時間比原本預期的還久，但你在這方面有穩定的進步。瑜伽與冥想也有幫助，搬到日本也幫了大忙，這裡的生活比較簡單。你更清楚什麼是重要的，以及為什麼。

我記得你剛獨立創業時有多脆弱，你一直很擔心，擔心如何謀生，擔心如何養家糊口，擔心失業後的情況。如果不是因為妻子的力量、支持與關愛，你無法度過那段日子。你要對她好一點。

有趣的是，當你不再那麼拼命的時候，情況就開始好轉了。當你專注於貢獻時——做別人真正感到實用的事情——你想要的其他東西自然而然也會隨之而來。

當然，也有搞砸的時候。有些事情對你的事業與行動來說幾乎是致命的。但是，在這種緊要關頭，總是有人發訊息給你，說你發揮了影響力，那就足以讓你繼續前進。WOL社群的善良是力量的泉源，永遠不要低估他們的重要性。

一個關鍵的轉捩點是發生在二〇一九年或二〇二〇年左右。當時你就像一個站在跳板上的小男孩，往下看，不確定究竟是要跳下去，還是回到地面。有些大公司開始採用

WOL，但你很謹慎，總是不確定或害怕你取得的一點成果能否延續下去。

但你豁出去，跳下去了。你開始與工廠、醫院、學校的人合作，尋找最需要幫助的人。你擴大WOL的運用，加入「善待自己」的練習，也讓大家做的事情更有意義。

過去十五年裡，你接觸了一百萬人，這是一個很大的數字。你以大大小小的方式，改變他們與自己、他人相處的方式，以及看待工作的方式。你應該為此感到自豪。

如果我可以給你建議的話，那應該是：放膽作夢，比現在想的再大十倍、大一百倍。少擔心犯錯，也少操心「我是哪根蔥，竟然想做那種事？」你要放膽去發揮影響力，不是為了你自己，也不是為了你的事業，而是為了其他人。這世界依然需要你的貢獻，也許現在比以前更需要。

祝安好！

未來的你

○……○……○ 練習：未來的你寫給自己的信（三十分鐘）

你的未來信是什麼樣子？選一個未來幾個月或幾年的日期（未來一到三年是不錯的範圍），想像你朝著目標所做的努力已經如願以償。或者，藉這個練習作為思考更長遠抱負的機會，然後寫信給現在的你，述說未來發生的事情。

你的信可能會提到以下的問題：

- 過程中發生了什麼？
- 進步的關鍵是什麼？
- 你通常怎麼處理事情？
- 這次你的做法與之前有什麼不同？
- 你是如何克服挫折的？
- 你何時意識到自己會成功？
- 未來的你對於自己的成就與夢想的實現有什麼感覺？
- 如果你沒有努力，未來的你會有什麼感覺？

選擇適合你的格式或摘要形式。有些人可能比較喜歡使用未來的圖像，而不是寫出來。如果是這樣的話，你可以試試夢想板（vision board）：從雜誌或其他媒體收集一些照片，用那些照片來描繪未來的自己與未來的生活，做成照片的集錦。無論你選擇何種形式或媒介，切記《自我指導》的建議：「為了讓這封信顯得真實、發揮效用，你需要投入情感。」

你最近花三十分鐘用心思考未來是什麼時候？現在就試試看，或是跟自己約個時間，好好地思考及書寫。優先支付自己，並用心塑造你的未來。

本章重點

- 命運不是降臨在你身上，而是你自己創造出來的。
- 當你想像未來的自己及可能的實現路徑時，就增加了實現未來的機會，尤其當你與未來建立情感連結的時候。
- 你最近一次花三十鐘用心地思考未來是什麼時候？不要像我一樣等了十年，現在就試試。有時你只需要為自己騰出一些安靜的時間，或者，你也可以找朋友一起寫信。

練習

一分鐘習題

登入你的LinkedIn個人檔案，添加一個短句以說明你的目標。例如，我完成這本書的初稿後，我在個人檔案中加上「WOL的作者」；瑪拉可能是寫「倫敦的紐西蘭人，回紐西蘭的老家」；芭芭拉可能是寫「族譜學家」；瑪麗可能是寫「作曲家」。

如果你的目標是在工作中發展一項新技能或新專案，就把它寫下來（例如「對物聯網如何改善我們的工作感興趣」）。或者你正在尋找轉職的機會，或是在探索一個新課題（「希望有一天能在巴西工作」、「希望幫年輕的女性發展理工職涯」）。現在，人們看你的個人檔案時，會看到更多真實的你。這個簡單的步驟可以增加你實現目標的機會。

內容盡量精簡。你可以盡情嘗試不同的東西，直到你想出覺得自在的內容。接著，也對你的推特檔案做同樣的修改。

五分鐘習題

這個練習的靈感是來自莫伊拉．麥基（Moyra Mackie），他是我第一位尊稱為「教練」的人。當時我在銀行上班，努力寫WOL的草稿，感覺好像在一艘漏水的獨木舟上划槳——動作很多，但沒什麼進展或方向。

在某次電話交談中，莫伊拉建議我寫下未來一、兩年的「完美月份」長什麼樣子。那個時間範圍夠長遠，可以給我做不同事情的自由；但又夠貼近，需要切合實際。對我來說，完美的月份不是坐在沖繩的沙灘上，而是一種既能謀生又能平衡生活的方式。

於是，我拿出一張紙，寫下屬於完美月份的每一天，開始想像我每天要做什麼。我開始列出事情以前，已經想過我要做哪些事情，但是把那些事情填到一個月的特定日期中，使它們顯得更真實，也促使我自問更多的問題。沒錯，我喜歡旅行、寫作、做研究等等，但有多喜歡呢？一個月一天夠嗎？五天夠嗎？十天夠嗎？我開始想像每個日子與每星期，想像那是什麼感覺。它讓我看到一個更平衡、更有創意、更充實的組合是什麼樣子。那是幾年前的事了，最近我碰巧又看到那張紙，並驚訝地發現那張紙幾乎就是我上個月及上上個月的翻版。

當你反思你的職涯與生活時，你的目標是什麼？你的完美月份是什麼樣子？

□ 開始

□ 連結

■ 創造

□ 領導

8

啟動美好大事

若要等到準備好才開始，我們後半輩子都會在等待中度過。

紫兒．波特萊爾（Violet Baudelaire）、
丹尼爾．韓德勒（Daniel Handler）
《波特萊爾大遇險》系列

第一次聽到這個故事是四十多年前，如今故事裡的核心問題仍縈繞在我腦海中：「費利斯，你今天學到什麼？」

這裡的「費利斯」是指費利斯．利奧．巴士卡力（Felice Leo Buscaglia），他是南加大的一位教授，他的父親從小給他灌輸了強烈的好奇心與學習的習慣，那個習慣延續了一生。巴士卡力後來寫了一些談愛情的書，演講常在一九八〇年代的公共電視上播出。我在電視上第一次聽到他講述小時候經歷的「餐桌大學」。此後，那個故事就一直縈繞在我腦海中。

巴士卡力成長於一個移民到美國的義大利大家庭。那個家庭很窮，人數眾多，但生活中充滿

了愛、美食與歌劇。他的父親很小就被迫輟學去工廠工作，所以他下定決心，以後絕不讓孩子失去教育機會。巴士卡力在著作《爸爸，吾父》（Papa, My Father）中寫道：[1]

> 爸爸認為最大的罪惡是，晚上就寢時與當天起床時一樣無知。為了確保孩子不陷於自滿，他堅持我們每天至少要學一件新東西。晚餐時間是我們分享當天所學的完美場合。當然，年紀還小的我們覺得那很瘋狂。

父親不接受孩子悶聲不答，所以晚餐前，孩子會連忙想出等會兒要講什麼。有時被逼急了，就瘋狂翻找百科全書，以尋找一些可以拿出來講的事實。費利斯可能會說：「尼泊爾的人口……」巴士卡力講述接下來發生的情況：

> 一片靜默。這總是令我訝異，也讓我更加相信爸爸有點瘋狂，不管我說什麼，他從來不覺得那微不足道。首先，他會思考我說的話，好像拯救全世界就靠那句話似的。「尼泊爾的人口，嗯，好。」然後，他會低頭看著媽媽，媽媽習慣把她最喜歡的水果放在一點剩酒裡。「媽媽，你知道嗎？」媽媽的回答總是使原本嚴肅的氣氛輕鬆了起來。「尼泊爾嗎？」她說：「我不僅不知道尼泊爾的人口有多少，我連尼泊爾在哪裡都不知道！」
>
> 當然，這回答正中父親的下懷。「費利斯，」他說：「把地圖拿來，好讓媽媽知道尼泊爾在哪裡。」於是，全家人開始找起了尼泊爾。

每個孩子貢獻的資訊都會經過仔細的檢查與思量，不管那資訊有多麼微不足道。重要的不是知識本身，而是知識的分享。

在不知不覺中，我們全家一起成長，分享經驗，參與彼此的教育。藉由看著我們、傾聽我們、尊重我們的意見、肯定我們的價值，給予我們尊嚴，爸爸對我們來說無疑是最有影響力的老師。

他說：「生命有限，但學海無涯，我們的學習塑造了我們整個人。」爸爸的技巧讓我受益一輩子。

你在工作中分享什麼？

巴士卡力一家人的餐桌交流，幫他們學習，也把全家緊密地連在一起。然而，在職場上分享學習經驗並不常見，雖然那很寶貴，也有必要。

我建議大家分享與個人目標有關的工作時，常看到大家的眼神與聲音中透露出內心的掙扎。多數人覺得他們**應該**多展現自己在做什麼、想什麼，但他們也提出各種不那麼做的理由。因此，很多人等待某個事情發生，才決定塑造自己的未來。我們等著被發掘，等著工作做得夠好，或等待時機合適。以下是我常聽到的理由：

我不知道該怎麼做。多數人從來沒有在網路上分享工作的經驗，有些人可能沒有分享工作內容的便利工具。

我不知道那東西是否有用。有些人知道該做什麼、也有辦法做，但依然不確定自己的貢獻是否有價值，而且他們也不知道怎麼吸引相關人士的關注。

我得不到肯定。一個更潛藏難辨的障礙是，有些人覺得自己的貢獻沒人肯定。尤其在有競爭評級與獎金的管理系統中，內部競爭的意識更強烈。如果你覺得自己是在爭搶一個有限的圓派，那會大大壓抑你貢獻與合作的意願。

我太忙了。如今大家愈來愈忙，甚至覺得不堪負荷，因此承擔額外的任務令人望而生畏，但這是前面第三部分第四章描述的挑戰（從《用一〇%薪水變有錢人》得到的靈感）。如果你不優先支付自己——比如投資自己的學習與發展——誰會呢？

爸爸的方法之所以有效，是因為他給每個人一個貢獻所學（「你今天學到什麼？」），以及如何與何時貢獻（每天在餐桌上）的架構。本章剩下的部分也是在做類似的事情。無論是不確定感、還是恐懼感令你退縮，或者你只是還沒養成必要的習慣，這裡的練習都可以幫助你與工作提高能見度。

機會若不知道你住哪裡，就不會來敲門

還記得第二部分第五章的一分鐘習題嗎？如果你還沒嘗試，現在是試試看的好時機：想像某人在一場會議或活動上遇到你，然後上網搜尋你，以尋找你的聯絡資訊或想進一步了解你這個人。你想讓他找到什麼？

無論你當下在哪裡，用手機或你最喜歡的上網裝置來搜尋你自己。你所看到的搜尋結果，是你希望別人看到的嗎？你有多少最好的作品是大家看得見的？

如果別人看不見你，機會更難找到你。現在是採取行動改善搜尋結果的時候了。

○…○…○

練習：更新你的主要線上檔案（十五分鐘）

從網路上個人檔案著手是一個安全的地方。對許多人來說，這可能是指LinkedIn或公司內部網路上的個人資料。

我認識的人幾乎每一個都不喜歡網路上的個人檔案，但很少人花時間去改善它。這個練習正好是你改善個人檔案的機會。目標不是打造出完美的個人檔案，而是朝著「打造一個**更好的檔案**」邁進。你現在做的任何改進都是不錯的投資，可以當成基礎持續發展。好的個人檔案包括

三個基本要素：

- 一張微笑看著相機的相片。
- 標題（你的簡短描述）。
- 幾句話構成的摘要。

現在就更新你的個人檔案。無論是添加上述的元素，還是改進已有的元素，至少要做一次更改。更新檔案後，就展示給朋友看，請他給一些意見。

問：如果我不想使用LinkedIn怎麼辦？

不想在網路上建立個人檔案，就沒必要做，但它們確實有價值。在LinkedIn上建立個人檔案特別容易且實用，原因很多：

- 一般認為那是專業網站。
- 它有標準格式。
- 大家普遍使用。
- 它是靜態的。

簡言之，建立那種個人檔案是簡單又安全的事情，不需要太多創意或心力，而且大家日益覺得每個人都應該有某種線上的專業檔案（另一種安全又簡單的選擇，是在企業的內部網路或企業的社群媒體上建立個人檔案。如果你有機會在工作中建立個人檔案，你應該按同樣步驟去做。）

把個人檔案想像成線上版的名片也有幫助，那是掌控個人聲譽的一種方法。例如，泰瑞莎是WOL圈的一位成員，她在一家大型的全球企業工作。她在公司的企業社群網路上，為個人檔案增添了一些技能，她的同事利用該平台的一個功能來肯定她那些技能。到了年度考績時間，決定泰瑞莎是否擅長某技能的要素，不單只是她自己或老闆的意見而已。這類考績評估可以參考許多共事者給她的公開評鑑。

一篇發文，十個貢獻

線上個人檔案只是一個開始。以下是一個簡單又強大的技巧，只要做一次貢獻，就可以帶來四種效益：

1. 釐清你對一個主題的想法。
2. 對關心那個主題的其他人也有用。
3. 可一次關注十個人。

4. 可變成反覆使用的資產。

這招是什麼呢?就是十大清單。你列出十個你真的欣賞、也與你的目標有關的十個人或十個作品。接著，針對每一項，附上幾句你為什麼欣賞他。

這是很容易做到的貢獻，因為你不是在談論自己或你的工作，你不會因為自吹自擂而產生抗拒感。你只是在分享你真心認為有用的東西。例如，瑪拉想與紐西蘭那些建立社群的企業建立連結時，她就是用這一招列出在當地最有社群媒體影響力的人。你可能還記得名單上有一位前總理，令瑪拉驚訝的是，那位前總理竟然親切地回應她了。其他人在那篇文章底下留言及分享她的文章。寫那篇文章讓瑪拉對於如何貢獻及如何與人相連，產生更多的想法。

你寫文章不是為了讓大家按讚或追求人氣。你只是在做跟目標有關的有意義研究，精進品味，練習提高工作的能見度，為人脈圈裡的人打造贈禮罷了。

練習：你的「十大清單」(十五分鐘)

現在就試試看。想一下你的「十大」主題是什麼，然後把標題寫在這裡。它可以很簡單，例如，十大好書、十篇好文、十場演講，或其他與你的目標有關的學習資源。

我的「十大」主題：

接著，回憶或上網搜尋東西以納入清單。一定要為每一項增添一兩句說明，以說明你為什麼覺得它有用或有趣，或它對別人有什麼好處。

1.

2.

3.

4.

5.

6.

7.

8.

9.

10.

問：我卡住了，真的找不到跟我的目標有關的十大清單。

我對公司的一群新學員講述這個練習時，一個名叫施拉德哈的年輕女子說她才剛踏入社會，沒什麼東西可以貢獻。所以我建議了另一種更簡單的方法：詢問別人的十大清單。

她加入公司內部網路的一個線上小組，把她的問題貼在那裡，很快就收到各地專家的回覆（透過內部網路、電郵或走廊碰到）。她整理那些結果，打造出自己的十大清單，並把它發布在社群中，吸引了更多的留言與貢獻。她原本以為自己沒什麼東西可以貢獻，現在世界各地的專家都圍著她交流，並創建了一份整個社群都可以參考及當成基礎進一步發展的資產。

擴大潛力範圍

你愈常練習WOL，好奇心與大方分享之間、搜尋與發表之間的交互作用愈多。在過程中，你會發現更多與目標有關的資源，也會發現更多你可以做出的貢獻。

格里高利．海沃斯（Gregory Heyworth）是研究中世紀文本的專家。他的故事顯示，這種交互作用不僅體現在社交或外向上，更能提高效果。海沃斯當時正試圖破譯一首中世紀詩歌僅存的手稿。那份手稿已嚴重受損，他用紫外線燈試著偵察出字跡，但稿子已燒焦褪色，其他的學者早已放棄。在TED演講中，他描述意識到自己陷入困境後所做的事：[2]

> 所以，我做了很多人會做的事。我上網搜尋，得知有人利用多光譜成像技術，從十三世紀的重寫本中找回兩篇著名希臘數學家阿基米德寫的論文。重寫本是指被抹去和覆蓋的手稿。
>
> 所以，我靈機一動，決定寫信給阿基米德重寫本專案的首席成像科學家羅傑．伊斯頓教授（Roger Easton），向他提出一個計畫與請求。令我驚訝的是，他居然回信了。

海沃斯採取了幾個簡單步驟——尋找可以幫他的人，決定向外求助，寫了一封動人的信而收到回應——引起了迴響，進而改變了他的職涯。

> 在他的幫助下，我獲得美國政府的撥款補助，建了一個可移動的多光譜成像實驗室。有了這個實驗室，我把燒焦與褪色的凌亂遺稿變成了新的中世紀經典。

該實驗室隨後繼續「辨識死海古卷中最黑暗的角落」，並抄寫聖經《委西冷蘭拉丁文譯本》（Codex Vercellensis）的文字（那是西元四世紀早期基督教福音書的譯本）。之後，海沃斯創立了「拉撒路專案」（Lazarus Project），那是一個非營利的專案，目的是讓個別研究人員及較小的機構也能使用那項科技。那項專案使他有機會接觸到世界各地的研究人員及珍貴檔案。例如，有一個團隊在研究哥倫布一四九一年用過的地圖，如今那張地圖已無法辨識。他把自己經歷的一切都分享出來，變成一門新「混合學科」的教授，這門學科結合了文學學者的傳統技能與新技術和新技巧。

海沃斯尋找與其目標相關的研究並試圖與其中一些人聯繫時，擴大了自己的潛力範圍。刻意去接觸他人與其他想法，使他因此進步了，並接觸到以前不知道的專案，開創一項運動及新的研究領域——這一切都是他覺得自己「只是一個中世紀學者」時所意想不到的。

海沃斯採用的方法——好奇心與大方分享的交互作用——是任何人都可以練習的。那是巴士卡力的爸爸試圖幫孩子培養的習慣，你可以在下一個練習中訓練自己。

練習：餐桌大學（五分鐘）

假設巴士卡力的父親現在與你在一起，問你：「你學到什麼？」你的答案或許與目標或最近的專案有關，或與你參加的活動有關。那可能對你來說是有效的，也可能是無效的。做這個練習時，回答請盡量簡潔，兩三句就好。

現在就寫下答案，並貼上LinkedIn、推特、或公司的內部網路。

問：很多人比我更了解這個主題，誰在乎我說什麼？

誰會從你的經驗中受益呢？**跟你一樣的人！**當你把學習心得記錄下來時（例如，記下你覺得有用的東西、幫助你的人、你犯的錯誤等等），像你一樣的人就可以從你分享的資訊中獲益。藉由分享經歷，你也可以帶給他們安慰，讓他們知道自己並不孤單，同時也提供一些資訊，讓他們更容易完成。這些都是很好的貢獻。專家也會受惠，因為你給他們一個理由展示專業，也讓他們有機會大方公開地助人。

美好大事的開始

在本章末尾，我想分享一個苦樂參半的例子：一個人有東西想分享出去，卻無法做到。大衛的工作是為一群律師做技術專案，但他也夢想有一天能創作兒童故事。他有很多想法，靈感來自他與幼女莉莉一起散步時所編造的人物與冒險。大衛很珍惜那些時刻，想用文字把那些故事記錄下來。[3]

每個人似乎都有這樣的夢想：寫一本經典的兒童讀物，那種每個人都唸給孩子聽的故事書……開頭幾句是我在火車上寫的（很像我現在寫這篇文章的情況），一個世界在我眼前形成，不久它就會變成一本暢銷書，人生因此變得更豐富。只不過，我寫了約半章就停下來了……後來也忘了把筆電拿出來。翌日晚上，我需要為工作讀一些檔案……於是拖延取代了熱情。不久，那件事就被我拋諸腦後。那個想法當時看起來很不錯，可能只能讓別人去實現了。

此後，大衛的童書夢想就一直擱在筆電中，再也沒碰過。五年飛快過去了。

我們可能像大衛一樣，認為自己的夢想「可能只能讓別人去實現了」。但其實沒必要這樣，美好大事的開始，就像微不足道的小事一樣：都有簡單的第一次付出。早在西元前六〇〇年，老子就懂得「千里之行，始於足下」的道理。光是想著旅程或渴望旅程，並無法讓你到達目的地。同樣的，如果你不發布第一個想法，你有再多可以貢獻的點子，也沒有多大的意義。

擱置童書計畫五年後，大衛加入一個WOL圈。在聚會討論及團隊鼓勵下，大衛採取一個簡單的行動：他把那個故事的開頭寫成一篇文章，標題是「很久很久以前」，發表在部落格上，以尋求意見回饋及建立連結。

我覺得，如果我把寫作的過程記錄下來，與你們（受眾）分享，這種抒發方式也許可以激勵我堅持下去，把故事寫出來。我希望這是一個有趣的過程，也希望你能加入我的行列。

所以，作為這個儀式的一部分，我將貼出一些文字，也許是出自那本書，也許是出自我的塗鴉，以及我現在為莉莉編造的東西。本週的內容屬於後者，那是我為我們的朋友錫罐人所創作的詩，希望你也喜歡。

從前有個錫罐棚，
裡面住著錫罐人，
他頂著錫罐頭，

有個錫罐身，穿著錫罐衣
一雙錫罐腳，還有錫罐趾。

這會成為暢銷書嗎？也許不會，但這是他邁出的一步。只要邁出一步，後面就有可能邁出更多步。大衛的問題不在於缺乏天賦、好奇心或時間。他只是沒有尋找、吸引、貢獻的習慣。接下來的兩章將幫你養成這些習慣。

本章重點

- 如果你隱於無形，機會更難找到你。一個安全的起點是從你的線上個人檔案開始著手，那可以讓你對自己的線上形象有些許的掌控權。
- 當你不確定自己能提供什麼時，切記餐桌大學：「費利斯，你今天學到什麼？」分享十大清單之類的簡單事情，也可以為你及人脈圈帶來顯著的效益。
- 好奇心與大方分享之間、搜尋與發表之間的交互作用，會擴展你的潛力範圍。它可以提高你的效能，讓你接觸到更多機會。
- 美好大事也是從一小步開始的。如果你現在太忙，無法優先支付自己，什麼時候才會改變呢？你在等什麼？

練習

一分鐘習題

在本章的三個練習中——更新你的個人檔案、建立十大清單、分享學到的東西——哪一個最具挑戰性？為什麼？如果你沒做練習，是因為你不相信做練習有助益，還是因為你還沒養成做練習的習慣？

五分鐘習題

還記得施拉德哈提出的一個簡單問題幫她與世界各地的專家建立連結嗎？就像丟一顆鵝卵石進池塘一樣，做出與目標有關的貢獻，有時可以讓你接觸到貴人及寶貴的資源。

現在你可以去線上社群，或LinkedIn或推特上發問，看會發生什麼事情。記得對你收到的任何回應都要表示感謝。

9 嘗試與改進

我們努力不是為了獲取，而是為了成才。

阿爾伯特．哈伯德（Elbert Hubbard）

WOL圈的一位成員透露，他已經開始透過部落格分享工作內容了，但發文沒有引起太多的關注，他因此愈來愈沮喪，後來就停止更新了。因為閱讀他文章的人很少，也沒有人留言，他覺得自己在浪費時間。他問道：「我做錯了什麼？」

問題不在於他最初的貢獻，而在於他寫作的動機以及對回應的期望。他做得最糟的就是放棄，因為那樣做反而剝奪了他分享原創內容的效益。分享原創內容是讓自己進步的唯一途徑。其實他跟多數的部落客很像，《紐約時報》的報導〈部落格在空盪的森林中倒下〉指出：[1]

部落格搜尋引擎Technorati在二〇〇八年的調查顯示，該公司追蹤的一億三千三百萬個部落格中，過去一百二十天僅七百四十萬個有更新。這表示九五％的部落格基本上已經遭到遺棄，在網路上荒廢，成為未實現夢想（或抱負）的公開遺跡。

那次調查結束以來，寫部落格變得更容易，顯然也更熱門了。然而，部落格荒廢的比率依然居高不下。無論你是寫部落格，還是選擇其他的媒介來展示作品，這一章都可以幫助你避免掉九五%的人會遇到的陷阱：沒養成持續嘗試及改進的習慣。

把自己想成一家無風險的新創企業

在前面第二部分第二章「有意義的探索」中，我提到創業者採用精實創業的方法，以及同樣的方法如何應用在職涯上。身為精實的新創企業，當你心中有一項產品或服務時，你的目標是盡快以最低成本獲得意見回饋。接著，運用那些意見回饋以精進產品或服務，推出新的版本，並獲得更多的意見回饋。現代創業者的心態是嘗試很多實驗，知道多數實驗可能失敗，並善用實驗中學到的經驗創造人們重視的東西。

這是前述那位朋友創作作品時應有的心態，尤其是在剛開始的階段。一開始毫無觀眾，沒什麼好擔心的，那反而沒什麼壓力。你可以自由地探索、實驗、犯錯、學習，不會有什麼損失。更棒的是，每次分享——每次都像新創企業——你都在探索如何提高作品的能見度，並持續養成這種習慣。如果你最初分享的目的是為了獲得意見回饋，你更有可能避免像多數人那樣半途而廢。然而，如果你的分享只是為了獲得聲望或金錢，你可能會失望，就像《紐約時報》那篇部落格報導所寫的那樣。

> 我們訪問了一些放棄的部落客，從交流中得知，許多部落格之所以遭到遺棄，是因為作者以為他們開始寫部落格後，世界就會開闢一條道路，通往他們的數位大門。
>
> 尼科斯太太最近在電訪中表示：「我一直希望更多人看我的部落格，希望收到更多的留言。」語帶一絲遭到辜負的感覺，「每隔一段時間，我就會在電視上看到一些媽媽部落客一個月賺四千美元的消息，我心想：『我也想要那樣。』」

「提高工作能見度」是為了貢獻東西，而不是為了得到東西。

更好的起始方式

珍·博札斯（Jane Bozarth）的《展現工作》（Show Your Work: The Payoffs and How-To's of Working Out Loud）收錄了一般人展現工作的各種方法，書中包含牙醫、園藝師、電影編輯、教師等各行各業的例子。有些人展現的是成品，更多人講述的是正在進行的工作。**我是這樣做的、這是我做的事情及為什麼**。其中我最喜歡的例子是退休教師葛洛麗亞·默瑟（Gloria Mercer）的故事[2]。

二〇一一年十月，葛洛麗亞動了手部手術，需要恢復力氣與靈活度的方法，所以她決定學習如何以精緻的設計來裝飾餅乾。她的第一步是上網搜尋資訊，她在網路上找到YouTube影片、部落格、臉書粉絲專頁，幫她學習基本的技巧。接著，她開始不斷地烘焙餅乾（請先生吃下她不好意思送人的餅乾）。她也開始在網路上與專家交流資訊。

幾個月後，葛洛麗亞不再只是搜尋，而是為最近的作品拍照、上傳臉書，藉此分享她正在做的事情與學習心得，也對一些食譜與技巧發表評論。那也激勵了她的女兒與一個朋友跟進學習，不久他們開始互相切磋以精進技巧。久而久之，那些餅乾看起來愈來愈精緻，葛洛麗亞開始把餅乾當成禮物送給親友。不久之後，女兒創立了海岸線餅乾公司，把他們的學習成果轉化為一項新業務。

葛洛麗亞的方法體現了本書第二部分第六章描述的成長心態。她把焦點放在學習與精進上，而不是固定的結果上，這讓她更容易嘗試。久而久之，她的嘗試與獲得的意見回饋使她的餅乾做得更好，並帶來其他重要的效益：

- 她學會如何在網上展示作品。
- 她獲得鼓勵，那使她更加投入。
- 她發現運用技能的其他機會。
- 她精進技巧的同時，也樂在其中。

- 她養成上網發文及與人互動的習慣。

展現工作

你做的事情、方法、源由，對每一個有相關目標或相同興趣的人都有所助益。以下是你可以分享的工作十大面向，那可能對你人脈圈裡的人有幫助：

1. 分享你的研究。
2. 分享你的點子。
3. 分享你的專案。
4. 分享你做事的流程或方法。
5. 分享你的動機，為什麼你那樣做。
6. 分享你面臨的挑戰。
7. 分享你學到的東西。
8. 分享你欣賞的人所做的事情。
9. 分享你的人際關係。
10. 從你的人脈圈分享內容。

例如，妮可拉是我第一個WOL圈的成員，她最近創業，從事男士形象與風格的諮詢服務[3]。該公司的使命是幫你「重新定義外表，塑造個人形象，讓你擁有過體面人生所需的信心與專業」。根據這個使命，以下是她可以創造的原創內容：

1. **研究**：男性時尚的新趨勢。
2. **點子**：如何在特定場合穿特定的衣服。
3. **專案**：為客戶建立個人檔案。
4. **流程**：她如何與客戶合作或如何購物。
5. **動機**：為什麼她想幫男性過體面的人生。
6. **挑戰**：她犯的時尚錯誤或生意上的誤會。
7. **學習**：她發現的新風格。
8. **她欣賞的他人作品**：肯定其他的造型師。
9. **人際關係**：她往來的商家、品牌、私人採購專家。
10. **來自人脈網的內容**：推薦與其他意見回饋。

這只是部分清單，你可以想出更多種原創的分享，我們那個WOL圈的其他成員每次見面時都會分享不同的東西。在我們相處的十二週裡，妮可拉開始嘗試不同的形式與管道，包括部落格、在本地的雜誌上發表文章、去公司演講等等。她一旦開始嘗試，就開啟了源源不絕的想法與機會。她做得愈多，就變得愈容易。

另一個例子：我在尋找採用WOL的教師例子時，找到紐約市國小三年級的教師艾莉西亞．齊默曼（Alycia Zimmerman）。下面的清單是以她在網路上的實際作法為基礎，有些是取自她為學生與家長提供資源的公開網站[4]。齊默曼也為知名兒童讀物出版商美國學樂教育集團（Scholastic）寫作，她也藉此機會運用那個強大的網絡[5]。她與十位小學老師一起為學樂教育集團提供原創內容。以下是她寫作的一些例子：

1. **研究**：為老師與家長提供的資源。
2. **點子**：教學時間、詩歌和其他主題的建議。
3. **專案**：以十幾個例子說明她在課堂上做什麼。
4. **流程**：她如何幫孩子準備考試。
5. **動機**：為什麼她要當老師以及她的價值觀。
6. **挑戰**：年底的總結。
7. **學習**：她發現的新書與技巧。
8. **她欣賞的他人作品**：其他老師的專案。

9. **人際關係：**她依賴的人員與資源。

10. **來自人脈網的內容：**三年級學生寫部落格介紹班上的寵物。

齊默曼為學樂教育集團寫了九十幾篇文章，每篇都附有課堂上實際運作的照片。與此同時，她的個人網站已累積了五年以上的內容，並隨著她嘗試新的東西而不斷演進。那些文章都是出自個人經驗分享，不僅實用，也呈現出專業文章少見的吸引力。

對妮可拉、齊默曼來說，主要效益不是人氣，而是學習與連結。每次他們撰寫專案或點子時，都會深入思考，並從讀者那裡獲得意見回饋。這樣做不僅可以精進技藝，也使人脈網中的人際關係變得更加深厚，而且久而久之，他們累積出龐大的分享內容，可以重複使用，開啟更多可能的連結。

妮可拉為客戶建立個人檔案時，她可以把那份簡介發給每位潛在客戶或關心男性時尚的雜誌編輯。齊默曼為她的班級寫好一個專案時，她可以跟其他老師、行政人員、家長、人脈圈的其他人分享。他們每次寫完東西，就有更多的東西可以分享，也讓其他人更有可能發現他們的作品。

問：我想我懂了，但我還是不習慣展現工作。

這是人之常情。這跟許多技能一樣，熟能生巧，多練習就會進步，愈來愈得心應手。我還記得自己第一次在部落格上公開發文的焦慮感，雖然我知道幾乎沒有人會讀那篇文章。說到公開演講，光是申請去會議上當講者，也令我焦慮不安。

如果你焦慮到無法邁出第一步，可以看一下前一章的練習及前面的清單。挑一個你真的有興趣的小事來做。在這個時點，邁出第一步，練習做原創的小小分享，比個人貢獻更重要。下一個練習對你也有幫助。

練習：你害怕什麼？（五分鐘）

想一想你想創作什麼：部落格、影片或網站。現在，列出你對實際創作並公開讓大家看見有哪些恐懼。試著至少列出十種恐懼或負面結果。

接著，在列出的每一項恐懼下方，寫下這種恐懼確實發生的可能性有多大。比較那些恐懼發生的機率，以及你像葛洛麗亞、妮可拉、齊默曼那樣自我投資並且培養實用技能時能夠獲得的效益。

1.

2.

3.

4.

5.

6.

7.

8.

9.

10.

一切操之在你

切記，你要分享什麼、如何分享、與誰分享，完全操之在你。我只建議你用心做出明智選擇就好。如果你不想讓大家看見，等於是把個人聲譽的掌控權拱手讓給別人。老闆或客戶的批評比你私下的付出影響更大。如果你堅持不展現工作成果，就表示放棄了被外界發現的機會，大幅縮限了各種可能性。想像一下，一個沒有作品集的藝術家，或沒發表過文章或出書的作家是什麼樣子。你怎麼知道他們能做什麼？

你展現出工作成果時，也放大了你是誰、你做什麼，擴大了你的影響範圍，增加了你可能的分享內容與分享方式。作品所吸引的意見反饋，可以幫你更快地精進自己。如果你在工作上這樣做，公司也會受益。當你公開展現工作時（你在做什麼、為什麼要做、哪些資源有用、你的學習心得），可以幫組織減少多餘的重複投資，加速創新速度。

問：我實際上該做什麼？開始寫部落格嗎？開一個臉書粉絲團嗎？開YouTube頻道嗎？

答案取決於你、你的內容、你希望人脈圈中有什麼人，甚至是工具本身。這些要素持續在變，所以你的答案可能也持續改變。一個不錯的起點是觀察那些與你的目標相關的人，看看他們在做什麼。閱讀部落格、關注臉書的粉絲團，觀看與你的目標有關的影片。這可以幫你找出什麼是好的，什麼是你不喜歡的。接著，仿效你欣賞的對象所做的。久而久之，你會進步，並逐漸發展出個人風格。

任何人都能做的原創貢獻

妮可拉與齊默曼所做的貢獻，是任何人都可以做的。你還記得在第一部分第一章中莎賓與安雅的故事嗎？他們一開始是使用LinkedIn或公司的內部網路來展示他們在大公司的工作成果。我當初也是用公司的內部網路做同樣的事情，隨後才開一個公開的部落格。瑪拉與本書中的其他案例也是如此。

我們都遵循類似的模式。一開始，我們也都非常猶豫，擔心第一次分享的內容。「那夠好嗎？萬一大家不喜歡怎麼辦？萬一沒人在乎怎麼辦？」我們甚至不確定那樣做是否正當，「會不會惹上麻煩呢？」但發了幾篇文章後，我們發現根本沒發生可怕的事情，也開始獲得一些關注與讚賞，認識新朋友與資源，那給了我們繼續前進的動力。

練習：你的第一個主題清單（十五分鐘）

很多創作者習慣隨身帶著點子清單，這樣一來，無論何時靈感乍現，都可以馬上記下來，以後坐下來創作時就可以使用。現在你的機會來了。無論是小筆記本或手機上的APP，列出你想創作的主題清單。看看你能不能為下面每一項想出你可以分享的東西。

1. 分享你的研究：
2. 分享你的點子：
3. 分享你的專案：
4. 分享你的流程或方法：
5. 分享你的動機：
6. 分享你的挑戰：
7. 分享你學習心得：

8. 分享你欣賞對象的作品：________

9. 分享你的人際關係：________

10. 分享你人脈網的內容：________

問：我的老闆不喜歡這種事情，怎麼辦？

我在銀行工作時，開始寫部落格，同事常問我一個問題：「我們那樣做沒問題嗎？」大家顯然覺得公司不樂見員工做「這種事情」，原因可能是違反什麼規範，或是有時間寫東西，表示我們還不夠忙。於是，我仔細閱讀了公司的規範，那些規定其實很合理，例如，確保我們不會以任何方式代表銀行，或說客戶的壞話。但我們可以分享個人觀點，而且我很小心採用一種正面又有建設性的分享方式。

不過，我的老闆確實有些疑慮，「他這麼做是為了引起注意嗎？我該准許嗎？為什麼他不把那些時間拿來做別的事情呢？」我知道老闆的疑慮後，就只用私下的時間書寫，也確保我工作上的貼文大多與我的工作及公司有關。久而久之，隨著愈來愈多人寫部落格，大家明顯看到分享學習心得的效益。提升工作能見度變成一件再自然不過的事。

所以，不要讓不確定性阻止你。如果老闆或公司對你分享工作有疑慮，你可以去了解公司的規定，把焦點放在正面、有建設性的分享上。當你展現WOL的效益時，其他人也會跟進仿效。

問：可是我不喜歡寫作，怎麼辦？

寫作仍是網路上的主要媒介，它就像簡報或影片製作或任何創作，是可以學習的技能。它只是需要練習與意見回饋。下面這句話一語道盡了寫作的重要：[6]

> 一旦你從基層往上提升一級，你的效能取決於你透過書寫或口頭接觸他人的能力。你的工作離基層愈遠，你受雇的組織愈大，透過書面或口頭表達想法的能力愈重要。在龐大的組織中，無論是政府、大企業，還是軍隊，表達自我的能力可能是一個人擁有的最重要技能。

這是管理專家彼得．杜拉克（Peter Drucker）在一九五二年寫的。最近，另一位管理專家湯姆．彼得斯（Tom Peters）把寫作描寫成「一種永恆又強大的技能」[7]。即使你覺得自己目前不擅長寫作，精進任何媒體的溝通技巧是改善職涯的最佳方式之一。已經養成天天寫部落格習慣的創投家威爾森指出：「過去八年間，我為溝通技巧所下的功夫，現在開始為我帶來豐厚的成果。[8]」他四十二歲才開始寫作，他的故事激勵我也開始有規律地寫作。

促成更大膽的行動

我與妮可拉一起加入WOL圈時，她正投入男士造型事業。某天，她不經意地提到她寫了一份小說的手稿，她告訴我們：「也許那是我未來加入WOL圈的新目標。」我還記得當時心想，寫小說是不錯的想法，但我覺得那本小說出版的機率微乎其微。

我們的WOL圈結束後，妮可拉與我一直保持聯繫。我們常見面，她會告訴我她的造型事業做了哪些新嘗試。她在部落格上發文介紹更多的服務，投稿報章雜誌，做了更多簡報，想出更多點子。她也提到她還在寫小說，有時我們會一起坐下來靜靜地寫作，各自沉浸在筆記型電腦中，偶爾休息一下，喝杯咖啡，或看看彼此的進度如何。她告訴我，每週她都會與一群寫作者見面，他們見面時會分享自己的作品，給彼此意見回饋。有一天她說，她已經開始找出版經紀人了。

雖然這一切是逐漸發生的，但我可以明顯感受到變化：妮可拉變得更有自信，她毫不猶豫地嘗試東西，展示作品，主動與人接觸、學習，並再次嘗試。她告訴我，她創立造型事業早期所做的嘗試，讓她更勇於在小說中嘗試更大膽的東西。

在我們的WOL圈結束三年後，我參加了妮可拉的處女作《蒙托克》（Montauk）的發表會。那本小說獲得「精彩處女作」的美譽，有人盛讚那本書「兼具《大亨小傳》的魅力與維吉尼亞·伍爾夫的靈魂」[9]。我坐在觀眾席上，聽她與採訪者暢談那本書獲得的好評，以及當時已經開始洽談的電影版權。採訪者問妮可拉，她如何成為如此優秀的作家，我早就知道答案了：多年來她不斷地嘗試與精進自己。

那場活動結束後的隔天，我與妮可拉在咖啡館見面，我們一如既往，默默地在筆記型電腦上書寫，她已經在寫第二本書了。

本章重點

- 幾乎任何與你做的事情、方法、源由有關的事情，都對那些擁有相關目標或相同興趣的人有所助益。
- 絕大多數展現工作的人都太快放棄了。
- 一開始毫無觀眾，沒什麼好擔心的，那反而沒什麼壓力。你可以自由地探索、實驗、犯錯、享受樂趣。每次分享——每次都像新創企業——你都是在探索如何提高作品的能見度，並持續養成這樣做的習慣。
- 養成成長心態比較容易展現工作。把焦點放在學習與精進自我上，而不是固定的結果上，這樣更有可能持續嘗試與進步。

- 定期展現工作成果有助於掌握命運自主感。那可以讓你變得更有成效、更有自信，更有可能採取更大膽的行動。

練習

一分鐘習題

上網尋找「Alycia Zimmerman teacher」（齊默曼老師），看看前面幾個搜尋結果。接著搜尋你認識的另一位老師，然後比較這兩種結果。想像這兩個老師申請同一份工作。

五分鐘習題

回顧本章的主題清單練習，你在清單中列出分享研究、專案等等的想法。選擇一個特定的主題，列出你的想法，把它想成你要分享的文章草稿。

短短幾分鐘的時間，就可以幫你調整注意力，讓你對自己分享的內容與方法產生新的點子。

每次練習，都會幫你減少可能的阻力，並強化公開展現工作的習慣。

10 事與願違時

約翰，你褲子上有東西。

一位朋友，在我上台做重要演講之前這樣對我說。

老天爺有時像一個喜歡開莫名玩笑的老師，我的許多經驗就是證據。其中最令人難忘的，或許是我在德國科隆的一場演講。

那天一開始很順利，我已經排練過演講，吃了豐盛的早餐，也準時搭上計程車。麻煩出現的第一個徵兆是，司機問道：「往北，還是往南？」顯然會場有多個入口，我們在會場附近遇到塞車，我告訴他，我就在那裡下車好了。但我一下車，就知道自己錯了。那裡沒有活動的標誌，也沒有人群。我走了約九十公尺，來到門口，向現場唯一的服務員問路。「啊，那是另一個入口。」她開朗地說，並告訴我怎麼走，「只要五分鐘就到了。」她向我保證。

我開始走，抬頭望著湛藍的天空，瞇著眼看著太陽，天氣愈來愈熱了。接著，我低頭一看，發現鞋子上有一塊白色的斑點，是未乾的油漆！而且不只我的鞋子上有！我注意到兩條褲管的底部及大腿處也有白色斑點，那是哪裡來的？我環顧四周，但沒看到任何油漆。我想過要不要回旅館換衣服，但又擔心花太長時間。

十分鐘後，我晃進了一個類似公園的地方，走在一條小路上。那條小路把我引向公路匝道的死胡同，我愈來愈焦躁不安。又過了二十分鐘，我終於找到了那個隱匿的入口，這時我已經滿頭大汗。我心想，也許沒有人會注意到那些白色的油漆斑點。

去洗手間的路上，我看到一張熟悉的面孔，那是一位一年未見的朋友。「約翰！」他喊道，咧嘴而笑。他伸出手，湊近我，並低聲對我說：「你褲子上有東西。」我尷尬地笑了，笑得很僵，連忙迅速離開，仰頭咒罵自己。我走進擁擠的洗手間，用濕紙巾使勁地擦那些斑點，然後走向舞台。

或許那天發生的事情中，撇開細節不談，最值得注意的是，沒什麼特別的事情發生。我在演講時曾遇過很多問題，諸如投影片、觀眾、房間配置、技術等問題，這次是出現油漆。如果是以前遇到油漆問題，我可能會心神不寧，無法專心演講，但這次我不理它，依然對一群友好且感興趣的人力資源經理演講ＷＯＬ，而且那天的演講效果很好。（順道一提，沒有人因為那油漆說了什麼，我也沒問。）

老天爺想藉由這個玩笑教導我什麼呢？我想，老天爺想強調的重點應該是，挫折、錯誤，甚至霉運，都是嘗試與學習過程中很自然的一部分。成長心態可以幫助你把注意力放在分享上，而不是結果上。多練習，你就會逐漸以謙遜與幽默感接納老天爺的教誨，並想辦法發現下次如何精進自己。

有幫助的問題幾乎可以改善任何事情

無論你想精進哪一方面，這裡有一個技巧可以幫你。例如，想像一下，你即將上台演講，在一群人面前講話，令你緊張不安，但你盡力做好準備，鼓起勇氣，發表演講。之後，你如釋重負，鬆了一口氣。接著，你問某人一個可能是最糟的問題：「剛剛講得如何？」

對方知道你很焦慮，想給你支持與鼓勵，所以他可能回應：「很順利！」那一刻，你因此失去了獲得建設性回饋與學習的機會，別人也錯失了幫你的機會。這種情況太常見了，但是不這樣做似乎又很奇怪，但我從法拉利那裡學到一種更好的方法，他教我以不同的方式思考意見回饋與改進。他示範了一種方法，把原本可能令人不安的對話，變成對雙方都有益、甚至讓關係更加深厚的對話。

法拉利指出，問題在於我們提出問題的方式。當你問：「我講得如何？」或「我做得如何？」時，那會使對方很為難，不知道該說什麼才好，也擔心傷了你的心，所以通常會含糊給出一個正面回應。法拉利建議，你應該先說，你正努力改進自己，接著問：「有哪裡可以做得更好嗎？」這樣就可以從逼問變成邀請。現在你已經明確地允許對方給你具體的意見回饋。由於你問的方式不同，對方會覺得給你建議是在幫你，而不是在批評。

從此以後，我就經常把法拉利那個問句掛在嘴邊，包括那次「油漆事件」與科隆的演講之後。每次我問那句話，幾乎一定會引發有趣的對話。大家似乎很樂見有人詢問他們的意見，他們通常會說出一些我可以改進的地方：

「你應該左右移動少一點。」

「那張投影片看不太清楚。」

「你應該舉一些不同的例子。」

「你講話的速度很快。」

「你應該把麥克風拿近嘴巴一些。」

我認真傾聽每個意見回饋，有時我不認同他們的建議，或得到相互矛盾的建議，但我幾乎每次都會學到一些新方法，讓我更進步。每次交流也是練習示弱及接納建設性批評的機會。

練習：「有什麼是我可以做得更好的嗎？」（五分鐘）

想想你在工作中想要培養的一項技能或行為（例如，主持會議、寫作、簡報），然後找一個你必須那樣做的機會。現在，在你的行事曆上，在那次機會的旁邊做個註記，提醒自己問與會者：「有哪個地方我可以做得更好？」

問：我該問誰？這感覺很尷尬。

當你挑選詢問對象時，同理心是最佳指南。想像一下，如果某人問你這個問題，你會有什麼感覺。如果你感覺他好像在逼問你，而不是請你給意見，那就選其他人。例如，我在科隆演講結束後，我是問那些演講結束後來找我討論的人，或在問答時間提問的人。如果你是在工作中問這個問題，你可以找那些關注過你的人或你信任的同事。

注意，他們可能當下很忙，或無法馬上提供實用的回應。沒關係，下次再試試看。當徵詢意見變成習慣時，你獲得意見及運用那個意見來改善自己的能力都會持續進步。

向人求助

當然，有時你需要的不僅僅是意見回饋。你需要建議、資訊、介紹、推薦信。那怎麼辦？就像其他的互動一樣，關鍵在於同理心與大方分享。「對方會如何看待我的請求？有什麼方法可以把它塑造成一種貢獻？」

以下是一個來自蒂姆．葛拉爾（Tim Grahl）的例子，他的專長是幫作者行銷著作[1]。

最近有兩位作者首次寫電子郵件給我。第一位的電郵主旨寫道「我們談談吧」。那封電郵透露出他行銷個人著作所遇到的困難，希望我能在電話上跟他聊聊，讓他「向我請教」他哪裡做錯了，以及如何改正。

第二位的電郵主旨寫道「採訪」。那封電郵是邀請我去他的播客，以便跟他的聽眾分享我的建議，並幫我宣傳生意。

你認為哪一個會得到我的回應呢？

第一封郵件完全是以寄件者為中心，對葛拉爾來說毫無好處，而且「請教」聽起來沒什麼吸引力。第二封郵件也是提出請求（訪問葛拉爾並向他學習），但也包含幫葛拉爾拉生意的潛力，那可能也是葛拉爾看重的東西。

在你尋求幫助之前，花點時間搞清楚如何讓對方也因此獲得一些效益。那可能需要你動腦發揮一些創意，但那樣做可以幫你脫穎而出，得到更好的結果。如果你想不出如何貢獻對方，別忘了，「示弱」只要運用得宜，也可以是一種贈禮。

提問的藝術

歌手兼詞曲家阿曼達．帕爾默（Amanda Palmer）在TED演講〈請求的藝術〉（The Art of Asking）中，把示弱比作一種禮物，後來她寫了一本書《請求的力量》。她剛踏入社會時，曾在街頭扮演活雕像。她會打扮成兩百四十公分高的新娘，站在板條箱上，把帽子或罐子放在前面讓人捐款。有捐款者走過來時，她會深深地凝視著捐款者，並送給他一朵花。後來，她成為窮困的樂手時，常需要善心人士提供住所、糧食或裝備。她透過推特與其他管道讓粉絲知道她會出現在哪裡，以及需要什麼。她深深認為「你不能要求大家為音樂付錢，而是要讓他們自己主動給錢」。

既然沒有強求，為什麼還有人幫助她或為她的音樂付費呢？因為那些人獲得了一些回報：與她建立連結的機會，成為她旅程的一部分。她勇於示弱促成了那一切。當然，不是每個人都願意幫忙，但是當她上Kickstarter（編注：紐約公眾募資平台）為新專輯募資時，有兩萬五千人響應了，募資總額突破了一百二十萬美元。以下文字節錄自她的著作：[2]

心懷羞愧求助，意味著：你的力量高過於我。
心懷傲慢求助，意味著：我的力量高過於你。
心懷感激求助，意味著：我們有力量互助。

這本書需要幫忙時（例如，檢閱內容、編輯、行銷），我就想到那個兩百四十公分高的新娘。我可以假裝一切都在自己的掌控中，但是那太假了。我把早期寫好的草稿分享出去，讓大家有機會幫我把它改得更好。於是尋找一些有專門知識的人，看他們是否對這本書的資訊感興趣、是否有興趣幫我傳播這本書。我親筆寫感謝信，謝謝他們的貢獻，也公開地感謝他們，就像帕爾默深深地凝視捐款者並致贈一朵花那樣。

練習：扮演兩百四十公分高的新娘（十五分鐘）

回顧你在一百四十九頁列出的人脈清單，從中找一個可以幫助你的人，然後發訊息給他。選一個不太有威脅性的人，練習把你的請求塑造成一種貢獻，避免使用「我想」、「我需要」、「我想要」之類的字眼。

問：求助的感覺不太對，尤其我又跟對方不熟。

對別人示弱是挑戰性最高的貢獻之一。以下的問題可能對你會有幫助：

- 如果我是對方，我會有什麼反應？
- 為什麼他要在乎我的請求？
- 為什麼我要這樣做？
- 還有什麼是我可以先做的？

你可能已經看出前三個問題是出自第三部分第四章中，那時我們是談如何接近別人。第一個問題喚起同理心。第二個問題幫你把焦點放在那個請求對對方的價值上，而不是對自己的價值。第三個問題幫你檢視自己的動機，必要時給你重新思考的機會。第四個問題跟求助有關。你發電郵向某人求助之前，能先關注或感激對方嗎？你是否先做了功課，看他是不是在其他地方回答過你的問題了？在你向他求助之前，有沒有其他方法可為他增添價值？

例如，身為創業者，創投家威爾森的建議（第二部分第四章提過）確實令我獲益匪淺。想像一下，我發以下的短信給他：

威爾森您好，

我想創立一家公司，想聽聽您的建議。我很樂於請您喝咖啡，向您請教。

我下週有空，請問您哪天有空？

期待相見！

約翰

你只要稍微設身處地站在他的立場思考，就能料到他的反應。就像葛拉爾收到的第一封電郵一樣，這封電郵完全是在講我自己，我還不如朝威爾森的運動鞋吐口水，幫他擦鞋。

另一種更好的作法，是在求助之前，先努力培養信任與關連感。例如，我可以從關注他的推特帳號及訂閱他的部落格開始。接著，我可能更進一步，在他的發文底下留言。他在網路上提出問題或尋求幫助時，我會密切關注，就像瑪拉尋找與紐西蘭有關的人與資源時所做的那樣。

如果你認為這些小行動不重要，這裡有一些數據可以證明為什麼它們可以發揮影響力。造訪威爾森部落格的人數約一千萬人，其中僅一萬人（亦即〇．一％）曾在上面留言。經常留言的讀者更少，威爾森把那些經常留言的人稱為「avc.com社群」。現在想像一下，他收到某人求助的電郵時，有什麼反應。他比較願意幫助哪種人呢：是懶得閱讀其文章的人，還是已經關注其文章並努力成為社群一分子的人？

這些作法都無法保證你獲得想要的回應，只能幫你觸及外界，也讓對方更容易以你想要的方式收到你的訊息。不過，你還是得為另兩種結果做好準備：遭到忽視、遭到拒絕。

對方忽視你的時候

葛拉爾為求助者提供了一些很好的建議：3

當你往外求助時，你沒有被冒犯的權利，也不見得會得到你想要的回應。對方有時會拒絕你或忽略你，這是現實常態，也是人生常態。當你得不到對方的善意回應時，深呼吸以後，就繼續前進。繼續尋找幫助他人的方法，永遠往好處想，相信別人沒有惡意。

我把這本書的草稿寄給一些人並徵詢他們的意見時，多數人都沒有回應，我馬上胡思亂想一些原因。「他們不喜歡這本書！他們覺得我徵詢意見是強人所難！」當然，這有可能是真的，但更有可能的原因遠比那些臆測簡單：他們很忙，不知道該做什麼或說什麼，可能根本沒收到我的訊息，或有其他正當的理由。

如果你得不到回應，試著謹記葛拉爾的建議：永遠往好處想，相信別人沒有惡意，把注意力放在你還能做什麼幫助他人。那種心態可以確保你的請求不會感覺像一種負擔，也確保你未來更有可能獲得他人的正面回應。

別人不喜歡你提供的東西

不過，有時候我最擔心的事情確實發生了：對方真的不喜歡我的作品，或給了一些惡評。那感覺很痛苦，有時我會忍不住想要反駁或陷入心煩意亂的狀態。那種情況發生時，我會從高汀的建議中尋求慰藉，他寫過這個主題好幾次了。

> 你認為自己創造了一件非常特別的東西，各地的每個人都應該接受它，那樣想未免也太自大了……以謙卑的心態欣然離開那些不懂你創作的人，可以幫我們開啟做大事的能力。[4]
>
> 「我不喜歡你的作品」並不表示我不喜歡你。兩者的區別很重要。如果你非得把兩者混為一談，就不可能成為一個高效率的專業人士。[5]

脫衣舞孃蒂塔．萬提斯（Dita Von Teese）在推特上的發文更是一針見血：[6]

> 就算你是顆豐滿多汁的水蜜桃，世上還是有討厭水蜜桃的人。

所以，我盡量不去計較。我努力傾聽負面的意見，看有什麼是自己可以學習或改進的。接著，我繼續前進，避免自己陷入批評或小題大作。如果真的有需要改進的地方，我就應該改進。如果沒有，或許我只是剛好把水蜜桃送給討厭水蜜桃的人罷了。

問：但是萬一我的貢獻不夠好怎麼辦？

夠好是跟什麼比較？你初期的原創貢獻可能不如預期，但它們是否「夠好」，是取決於你提供它們的方式以及周遭的期望。如果我花兩千美元從一家店買一個花瓶，我會希望那個花瓶有一定的工藝水準。如果我的朋友正在學做陶器，並把他早期的創作送給我，不管它多麼奇形怪狀，我都會好好珍惜。

你愈是專心把你做的東西塑造成一種貢獻，而且在不抱期望下把它提供給別人，你愈容易嘗試與改進。

無痛苦下持續改善

我最喜歡的廣播主持人是艾拉·格拉斯（Ira Glass），他在全國公共廣播電台（NPR）主持《美國生活》（This American Life）。在製作了五百多集節目以後，他榮獲一些知名獎項的肯定，例如，皮博迪獎（Peabody Award）和莫盧獎（Edward R. Murrow Award）。他的節目每週吸引一百七十幾萬名聽眾收聽。但格拉斯這個人有趣的地方，不在於他獲得的讚譽、死忠聽眾或節目的長壽，而是他說：「我比我認識的任何人花更多的時間去研究如何做好這件事。」[7]

這有個落差……你做的不是很好……但你仍有夠好的品味足以判斷，你做出來的東西令你自己失望。很多人從未跨出那個階段，很多人在那個階段就放棄了。

這時，你能做的最重要事情就是大量創作，非常大量……你只能透過大量創作迎頭趕上，縮小落差。你的抱負有多大，創作就有多好。

沒有人告訴初學者這個祕訣，我真希望當初有人告訴我這點。

如果某人擅長他做的事情，他很可能經歷過以下歷程：

1. 初期的作品不是特別好。
2. 在一段時間內產出大量的作品。
3. 逐漸學習以精進自己。

我們剛開始嘗試任何事情時——無論是工作所需的某種特殊技能，還是在電台上講古——效果都不如預期。要縮減初期成效及期望成效之間的落差，唯一的方法是大量創作，獲得意見回饋，專注變得更好。

對許多人來說，光是想到做好一件事情所需要付出的努力，就足以讓人打退堂鼓。但達成美好大事的途徑不必充滿痛苦，關鍵在於把所有的努力分解成可實現的小步驟。一次專注於一項貢獻，讓自己從投入造福自己與他人的事情中感受到樂趣。分享你的貢獻，積極地精進自己，並知道每個創作者都會經歷類似的過程。接著，使用下一章的習慣清單，幫你經常做出貢獻。這個習慣愈穩固，你就可以不加思索地採取下一步。

本章重點

● 事情發展不如預期是無可避免的。重點在於，每次不如預期時，你是陷入沮喪，還是從中記取教訓。

● 能創作出好作品的人，通常是依循同樣的途徑：他們的初期創作不太好，但多年來持續精進技藝，逐漸學會做得更好。

● 精進自己的一個好方法，是提出以下問題以尋求意見回饋：「有哪個地方我可以做得更好的？」這可以讓對方覺得他們是給你好心的建議，而不是在批評你。

● 另一種精進自己的方法是求助：尋求建議、資訊、介紹、推薦信等等。就像其他的互動一樣，關鍵是同理心與大方分享。**對方會如何看待你的請求？有沒有辦法把請求塑造成一種貢獻？**

● 你不見得會得到正面的回應，這是意料中的事。為了幫你維持正向觀點，請記得下面這些高汀、葛拉爾、萬提斯的名言：

◇ 認為你創造了一件非常特別的東西，各地的每個人都應該接受它，那樣想未免也太自大了。

◇「我不喜歡你的作品」並不表示我不喜歡你。兩者的區別很重要。

◇當你得不到對方的善意回應時，深呼吸以後，就繼續前進。繼續尋找幫助他人的方法，永遠往好處想，相信別人沒有惡意。

◇就算你是顆豐滿多汁的水蜜桃，世上還是有討厭水蜜桃的人。

練習

一分鐘習題

回想一下你現在擅長的事情，你是如何在這方面達到精通的境界？什麼因素幫你堅持下去？如何把那些經驗套用在你當前的目標上？

五分鐘習題

想像你的孩子或認識的其他孩子正試著學習新東西，例如，騎單車或彈鋼琴。你會對他們說什麼？幾乎可以肯定的是，他們剛開始起步時，你不會期望他們很傑出。你會鼓勵他們，找理由慶祝及肯定他們的進步，溫和地傳授他們改進的方法。

現在想想，你養成新習慣時，對自己說什麼。你對自己也那麼溫和及支持嗎？如果不是，為什麼不那樣做呢？

11

養成習慣

有天賦不是很棒嗎？

然而，事實證明，

選擇促成習慣，習慣變成才華，才華被貼上天賦的標籤。

你不是天生如此，而是逐漸變成這樣。

高汀

我寫這本書時，一些朋友常問我：「這本書進展得如何？」我回答一切順利，他們也會給我鼓勵。在過去幾年間，這種友善的交流發生了很多次。

後來某天早上，妻子問了我同樣的問題。她常看我晚上與週末對著筆記型電腦沉思，所以對我的進度感到好奇。當我說「一切順利」時，她又多問了幾個問題。

「什麼時候可以完成？」

「我不知道，我真的時間不夠。」

「你還需要多少時間？」

「我不知道。」

「目前為止，你在這件事上花了多少時間？」

「我不知道。」

「上週你在那上面花了多少時間？昨天呢？」

「我不知道。」

接著，我們陷入很長一段時間的沉默，氣氛尷尬。我不禁納悶：「我對這本書是認真的嗎？還是我只是在自欺欺人？」

我所欠缺的

提摩西．威爾遜（Timothy Wilson）在《佛洛伊德的近視眼》（Strangers to Ourselves）中寫道，儘管我們的大腦在任何時刻都能接收一千一百萬則資訊，但我們只意識到其中的四十則。僅四十則！這個統計數據實在驚人，它顯示我們的注意力有多少，也顯示改變為什麼那麼困難。想要學得新技能或行為，需要在一段時間內集中注意力。由於注意力很稀缺，我們先天就討厭消耗注意力。誠如神經學家丹尼爾·康納曼（Daniel Kahneman）所寫的：「懶惰根植於我們的天性。[1]」問題不在於我寫這本書的意圖，而是因為我還沒養成寫作的習慣，還沒養成以一種有紀律、有結構的方式來實現目標的習慣。

習慣是幫我們因應生活的複雜與生活中一切資訊的方式。持續重複一個動作一段時間，可以減少需要投入的心力，因為大腦會改變。我們做得愈多，愈不需要去想它，這個活動就會變得更容易，更自動。對於本書的多數讀者來說，即使你已經刻意投入WOL，只有當你把它變成習慣時，你的行動才會持續呼應意圖。使用習慣清單可以幫你採取行動，克服挫折，繼續進步。

習慣清單

自從那次與妻子尷尬地結束對話後，我開始試著改變一些習慣，包括工作方式、飲食、運動、冥想、學習鋼琴與日語等等。在某些方面，我看到很大的進步，但其他方面則仍在努力[2]。根據這些實驗，以及我對行為改變所做的研究，我把自己學到最有幫助的技巧濃縮成一份習慣清單：你可以做那八件事來發展或維持某些行為。每次我培養新習慣或新技能但陷入瓶頸時，就會看一下那份清單，然後調整自己。每次這樣做時，我都強化了自主感與自我效能感——那是一種只要我投入心力就能做任何事情的感覺。毫不誇張地說，運用這些簡單的技巧，改變了我的生活。

習慣清單

1. **設定可實現的目標**：有遠大的夢想很好，但雄心壯志不要大到令你望而生畏而引發內心的抗拒，也不要含糊不清，以至於你不知道下一步該做什麼而從不啟動。為了讓你的目標和抱負變得可行，你一定要設定可動手執行的近期目標。

2. **觸摸跑步機**：進步原則是一個很強大的概念。每個行動，即使很小，也會促成更大的行動。萬一你陷入了瓶頸，可以縮小下一步，以便持續前進。切記，進步不分大小，都是好事。

3. **記錄進步**：記錄你正在做的事情，你會更加注意一整天的付出。即使只是一個與目標有關的可見標準（例如，你花在某件事情的時間，或當天你是否做出貢獻），也會明顯提高你進步的機率。

4. **打造環境**：我們做很多事情，都是因為不知不覺中衝動地因應周遭觸發我們的東西。知道這點以後，你就可以刻意地調整環境來幫你進步。這包括調整你的時間表、工作空間、周遭的科技，以及其他可以讓你更容易做自己想做的事情、更不容易分心的任何東西。

5. **預期挫折：**所有的學習與發展一定會遇到挑戰與犯錯。如果你討厭挑戰與犯錯，那容易引發抗拒感。你應該把挫折視為自然與必要的學習機會，專注改善下一次績效。

6. **正面積極：**我們先天就比較容易關注議題與問題，那可能是一種阻礙，所以經常思考你獲得的進步，並以某種方式獎勵自己很重要。正向強化更有可能激發內在動力，促成持久的成果。

7. **找個朋友：**無論是簡單地聊聊你要做什麼，還是一起投入整個流程（就像WOL圈做的那樣），別人的支持可以幫你度過難關，激勵你繼續前進。

8. **想像一下想要的生活：**這點正好與第一點相反。設定近期可實現的目標可幫你找到下一步該做什麼。但確立長期願景可以幫你發掘使命感，提醒你為什麼要做正在做的事情，並使你的行為改變更持久。

把習慣清單套用在目標上

想一下你在第三部分第二章確認的目標以及你想建立的關係。如果有人問你「最近進展如何？」你會怎麼回答？你會像我和妻子的對話那麼尷尬嗎？

現在就檢討習慣清單的每一項，藉此練習怎麼運用這份清單。我為每個項目設計了一個練習。至少選一個能幫你獲得較多進步的方法，實際做完練習，再進入下一章。

問：我不需要這個。我不是依賴習慣的人，比較喜歡隨性發揮創意。

我這輩子大部分的時間，也覺得自己比較善於創意發想，而不善於完成任務。我認為習慣與系統「不適合我」，甚至還可能扼殺創意。

但是那種想法也給我自己帶來沒必要的侷限，更是固定心態（而非成長心態）的例子。我用來描述自己的標籤——「無紀律」、「拖延者」——與我的基因或我是誰無關，那只是我當時為止的經驗。當養成新習慣與行為後，我了解到有創意與有生產力不是互斥的，最有創意的人會養成多種習慣，幫助他們經常產出成果。運用習慣清單也幫我做到這樣。

#1 設定可實現的目標

「可實現」是指，目標是你真正關心的事情，而且在合理的時間範圍內，有明確的下一步行動。我把這一項列為第一點，是因為當你還沒朝著目標前進時，最好先檢查一下你是否有正確的目標。

ＷＯＬ圈有一個常見的問題是，有些人選了他認為自己應該關心的目標，但實際上並不在乎。例如，希望在工作中獲得更多肯定是合理的，但是如果你不喜歡自己的工作或同事，你就很難提起勁去關注工作並公開分享工作內容以達成目標。在這種情況下，你應該重新檢討目標，把時間花在其他事物上。

其他常見的問題包括太快選擇太多的目標，或選了模糊的目標。這兩種情況都很容易導致你難以決定下一步該做什麼。面對這兩種情況，最好是把目標拆解開來，設立更小、更容易實現的目標。

練習：大小適中的目標測試（五分鐘）

花點時間客觀地檢討你的目標，不要眷戀或預設立場。你選的目標還能激發你的興趣或好奇心嗎？你有進步嗎？確定它仍是你想追求的東西，而且不會太大，也不會太小。

如果你的目標無法激勵你，就考慮換一個可以激勵你的目標。如果你沒有獲得穩定、經常的進展，可以考慮選擇一個更簡單的目標，或採取一些過渡性的小步驟來實現目標。在培養新習慣時，規律的練習與意見回饋比你永遠達不到的目標更重要。

#2 觸摸跑步機

在我孩子的學校裡，每節課都有一個「現在就做」的課堂練習寫在黑板上，那是在課堂中花幾分鐘就能做完的小活動。下一次上課前，學生可能要完成額外的閱讀或家庭作業，但無論當天的學習目標是什麼，老師都會肯定學生立即採取小行動的價值。如果你列了很多清單，但進度微乎其微，可以試試這個練習。

練習：「現在就做」（五分鐘）

想一個你現在就能採取的小行動，然後去做。或許是給你人脈清單上的某個人再發一封電郵以延續之前的聯繫，或是趕緊關注或感謝你一直想要關注或感謝卻遲遲未行動的對象。注意你採取行動後的感覺，並好好體會那種感覺。

#3 記錄進步

上次我與妻子聊到寫書進度而尷尬結束對話以後，當天早上我做了一項調整，以促成這本書的出版：我做了一個表格，那是一個簡單的行事曆，每個月的每一天都有空格。我在每個空白處，填入每天寫書幾個小時。我不再含糊告訴自己「我正在寫書！」那個表格開始顯示我投入寫書的時間根本不夠。那張表格讓我知道，我需要設定規律的寫作時間表。

我不是唯一誤判個人努力的人。當我們要求一個人評估自己的常見活動量時（例如，吃多少或喝多少，或花多少時間在手機上），自我估算值是出了名的不準確。記錄進度有兩個功用：針對你的行動幫你收集客觀的行動資料；使你注意到這些資料。沒有行動，就沒有進展。關鍵在於把你的紀錄放在一天會看到很多次的地方。那會讓你更加注意你想改變的行為。我的手寫紀錄表是放在浴室鏡子的旁邊，我早晚都會更新紀錄。雖然那只需要花幾秒鐘，但記錄下來就可以清楚知道我哪裡需要調整。

練習：製作進度表（十分鐘）

你的進度表可以像月曆一樣簡單，每天有一個空間寫下一、兩個與你的目標有關的指標。例如，假設你的目標是「擴大人力資源領域的人脈」，你的紀錄表可能包括：

- 你搜尋、閱讀、觀看人脈網中的東西了嗎？（有／沒有）
- 你為目標投入心力了嗎？（有／沒有）

- 你做了多少貢獻？
- 你花多少時間在與目標有關的活動上？

決定你想在進度表上追蹤什麼並寫下來。

進度表的標題：＿＿＿＿＿＿＿＿＿＿

現在，用空白的月曆或白紙，設計一張實體表格，並決定你要把那張進度表放在哪裡。如果你想要參考我用過的不同表格，請上workingoutloud.com/resources，並點擊「第八週：養成習慣」。我的表格因追蹤的內容及格式不同而有顯著的差異，但它們都幫助我以更少的壓力累積更多的進步。

#4 打造環境

在《為什麼我們這樣生活，那樣工作？》（The Power of Habit）一書中，查爾斯・杜希格（Charles Duhigg）引用一位專家的說法，那位專家為了戒除惡習開發了一套訓練課程：[3]

一旦你意識到習慣是如何運作的，並發現相關的線索與獎勵後，你就有能力改變它了……戒除惡習看似複雜，其實大腦是可以重新塑造的，你只是需要用心罷了。

打造環境是指創造或消除那些與習慣有關的線索或觸發點，讓你更容易按照自己的意圖行事。這裡有三個例子：

事先安排做那件事的時間。當你為一項活動排定一個執行時間時（例如，搜尋人脈清單上的人、在網路上與他們互動、規劃一些可以提升工作與學習心得能見度的貢獻），就不需要忙著同時應付許多任務，或思考該把那件事情塞進哪個時段。你愈不需要去想它，就愈不需要消耗注意力，也就愈容易堅持下去。

建立儀式。實體環境也提供許多線索，幫你進入適合投入WOL的心境狀態。這類線索包括你專用的寫作座椅，你為新習慣準備的專用筆記本與專用筆；或是帶著筆電到你最愛的咖啡廳，一邊工作，一邊享用薄荷茶。久而久之，這些線索會告訴你：「現在是執行WOL的時候。」這樣一來，你不太需要耗費心神就能開始了。

設置視覺輔助。這可以是簡單的實體提醒，例如貼在電腦上的便條。如果你每次發電郵時都自問：「我貢獻了什麼？」你每天都有很多次練習貢獻的機會。久而久之，你會開始不假思索地把自己做的事情都視為貢獻。這本身就是一種很強大的習慣。

○…○…○

練習：線索與觸發（十分鐘）

從這些調整中挑選一個：安排一項活動，建立一種儀式，設置一種視覺輔助。或者，你也可以自己創造一種方式，現在就做。

#5 預期挫折

了解挫折是學習過程中很自然的一部分。那是本書最後一章的主題，也是成長心態的特色。失敗時，避免自我批評，積極尋找有助於未來發展的學習心得。然後，承諾把這次記取的教訓運用在下次嘗試中。

○…○…○

練習：早早體驗失敗，記取教訓，持續前進（五分鐘）

反思最近的挫敗經驗，那可能是徹底的錯誤，也可能是沒有去做你想做的事情。在腦海中反覆回想那個情境，並注意你當下的想法與感受。那些想法與感受對你有好處嗎？它們能幫你進步嗎？

現在仔細檢討失敗，積極尋找你可以從失敗中吸取的經驗，以幫助你做得更好。接著，寫下你學到什麼，以及下次該做的調整。

#6 正面積極

我父母成長的年代，認為「不打不成器」是很好的親子教育方式。因此，我的自我激勵方式往往有點嚴苛無情、過度批評。那種激勵方式也不太容易產生長期的效果，反而是正向強化的效果更好。

馴獸師早就知道這點，這也是他們總是可以訓練動物做出驚人表演的原因。相反的，一般人通常只會訴諸吼叫、威迫或蠻力。行為生物學家凱倫・布萊爾（Karen Pryor）是海豚訓練的先驅，也是「應用操作制約」（改變行為的藝術與科學）的權威。在《別斃了那隻狗》（Don't Shoot the Dog）中，她描述她開發的訓練方法，以及那些方法如何應用在動物訓練之外：[6]

> 我開始發現，這個系統的一些應用悄悄地潛入了我的日常生活。例如，我不再對孩子大吼大叫，因為我發現大吼大叫沒有用。我開始注意我喜歡的行為，並在那些行為發生時加以強

化，那樣做的效果更好，也能維持太平。

布萊爾的海豚研究夥伴打趣地說：「任何人在生養小孩之前，都應該先學會訓練一隻雞。」說到使用正向強化來激勵新習慣的養成，訓練一隻雞確實是很實用的經驗。

練習：什麼因素使今天如此美好？（五分鐘）

幫自己克服消極偏見及促進正面行動的一種方法，是寫感恩日誌。每天早上我醒來的第一件事，就是回想什麼原因讓昨天過得如此美好，以及哪三件事可以讓今天過得美好，然後把它寫在日誌裡。這樣做，每天只需要花三到五分鐘，而且效果很好，所以我從來沒忘了做。這種做法使我的觀點從過度消極變得更為平衡，也讓我更快樂。

為自己準備一本可隨身攜帶或放在床頭櫃上的日誌。每天，積極思考那一天的意圖，也思考值得感恩與慶祝的原因。如此進行一兩週後，看看能不能發現讓你一天過得美好的模式。

#7 找個朋友

很多互助小組是為了克制慾望、改變飲食習慣、公開演講等多元主題成立的，那是因為這種小組確實有效，這也是我們組成WOL圈的原因。一起經歷改變可以讓事情變得更容易，也可以幫你為自己的意圖負責，以一種正面又有建設性的方式行事。

練習：你的個人支援網絡（十分鐘）

WOL圈是一種個人支援網絡，你可以在workingoutloud.com上建立一個。例如，印度有一個WOL的簡介是「盡情無畏地分享經驗、夢想與願望」。有人說：「我很快就發現那個圈子是我的『安全空間』。」那種心理安全感使他們能夠分享在其他地方難以分享的東西，而且他們知道有人傾聽他們分享的內容。更棒的是，週復一週，他們採取行動幫自己進步，也培養了信心。WOL圈不僅提供支持，也賦予他們力量。

如果你還沒準備好加入WOL圈，你可以找一個朋友做簡單的分享練習。每週一開始，你們可以寄電子郵件告訴彼此，你打算做什麼以及上一週發生了什麼。不做評斷或競爭，只有鼓勵及偶爾給一點建議。你可以用簡短的通話（十五到三十分鐘）來補充電子郵件的不足，在電話上談談你的目標與學習心得，並在能力所及之處提供對方幫助。

#8 想像一下想要的生活

幾乎每一本談改變的書，都會談到想像未來的重要。這是第三部分第七章要你從未來寫信給自己的原因。寫那封信很有幫助，想辦法注意你寫的東西，效果更好。

○…○…○

練習：成功是什麼樣子？（五分鐘）

回顧你在第三部分第七章寫的信。挑一張圖片或其他可用來提醒你那封信的東西，把它放在你經常看到的地方。你可以把照片貼在浴室鏡子的旁邊，或把那封信貼在冰箱門上。把它想成一種潛意識的提醒，提醒你想創造的未來是什麼樣子。

問：你那份習慣清單上，有幾項特別重要嗎？

每一項在不同時間點都對我很重要，但我發現，在試圖改變習慣時，最重要的三件事是記錄進步、觸摸跑步機，打造環境。舉個例子，我一開始寫書沒什麼進展，是因為我根本不知道自己投入了多少時間寫書。當我一直說我要定期做瑜伽卻失敗時，那是因為我太快嘗試太多了，我的防禦機制想辦法破壞了我的意圖。後來，我改成比較小的行動，才終於養成習慣。改變飲食習慣花的時間最久，最主要是因為我沒有打造環境。（專業提示：如果你想少吃點零食或少喝點酒，家裡就別放太多的零食或酒。）

習慣的力量

習慣清單上的每一項都會幫你更容易投入ＷＯＬ（或任何行為）。久而久之，你會發現自己愈來愈常從貢獻與人際關係的角度思考事情。如果你停在這裡，那就夠了。你已經獲得工具，也養成習慣，可以接觸到更多機會。

然而，你其實可以完成更多的事情。誠如下一章節所示，養成ＷＯＬ的習慣可以幫助你運用人脈圈的集體力量，為你自己與他人的生活帶來更多的影響。

本章重點

- 養成新習慣需要下功夫，但習慣一旦養成，就不太需要費心執行了。懶惰是一種根深柢固的天性。
- 當你努力卻看不見進展時，可以查一下習慣清單，找出你可以調整的地方：

1. 設定可實現的目標。
2. 觸摸跑步機。
3. 記錄進步。
4. 打造環境。
5. 預期挫折。
6. 正面體驗。
7. 找個朋友。
8. 想像一下想要的生活。

練習

一分鐘習題

想一個你很慶幸自己已經養成的習慣，你是如何養成的？習慣清單中的哪幾項發揮了效用？還有其他的方法對你有幫助嗎？

五分鐘習題

想一個你希望養成的習慣，習慣清單上的哪幾項可能對你有幫助？挑其中一項，並幫自己訂一個做相關練習的時間。

□開始

□連結

□創造

■領導

12 想像可能性

你問：「萬一我摔下去怎麼辦？」
「哦，親愛的，如果你是飛起來呢？」

畫家　愛琳·漢森（Erin Hanson）

「當……我就會成為卓越的領導者。」

上面那個句子，你會怎麼造句呢？當你熟悉林肯或孫子（或賈伯斯、耶穌，或其他數十位智慧已濃縮成暢銷書的經典人物）的教誨時，你會成為卓越的領導者嗎？還是當你在公司裡晉升到更高的職位時，你就會成為卓越的領導者呢？如果你跟我一樣，從小到大接受的教育是，當別人拔擢你當領導者時，你才掙得「領導者」那個頭銜。

凱文·克魯斯（Kevin Kruse）寫過幾本談員工敬業度的書，他對領導力下了一個更精確、更實用的定義，他是先從領導力不是什麼開始說起：[1]

領導力與一個人的資歷或公司內的層級地位無關。

領導力與頭銜無關。

領導力與個人屬性無關。

領導力不是管理。

在剖析管理者與管理專家為領導力做的定義後，他給出自己的定義：

領導力是一個影響社會的過程，那可以盡量促進他人的努力，以實現一個目標。

你是領導者嗎？

目前為止，本書談到的WOL主要是與你自己、你的個人貢獻、你的人際關係有關。現在，你要開始思考你與自己的人脈網可以一起完成什麼來拓展可能性。

我在大公司工作時，我們常會使用「領導力」這個詞，以至於這個詞的意義已經稀釋了，到最後往往和「管理」變成同義詞（例如，每次組織改組後，我們會收到電郵宣布「新的領導團隊」）。但後來，我看到很多人以有意義的貢獻與連結來領導，而不是等待高層的任命。

當你有辦法與目標相似的人建立連結，並把他們拉進人脈圈時，他們會產生歸屬感，你也會激勵他們不單只是觀察或運用你的貢獻而已，他們還會給你意見回饋，讓你與你的工作變得更好。他們也會跟自己的人脈網分享你的貢獻，並以你的貢獻為基礎，進一步地發揮。那樣做可以使你的工作變得更大、更重要，遠遠超出你自己能做的範圍[8]。

這個單元的剩餘部分包括一些個人的故事，他們是從一個目標開始，從小處著手，最後透過貢獻、連結、廣納盟友而領導一場運動，他們的領導地位不是由他人指派的。薩斯誇奇音樂節（Sasquatch! Music Festival）的一支短片是一種精彩的比喻，它充分說明了這一切是如何發生的。[2]

第二位舞者的力量

那段影片是一部舊手機拍下來的，畫面模糊又晃動。影片中有許多人躺在毯子上，聽著音樂。中間有一個瘦高的傢伙，穿著短褲，打赤膊，獨自跳舞。他看起來很可笑，就像我一個人在公園裡獨舞一樣，那可能也是陌生人當初想拍下這段影片的原因。

那個人獨舞了一陣子，絲毫不理會現場的群眾。你看那支影片時，幾乎可以感覺到公園裡其他人似乎覺得很不自在，他們跟他保持距離，偶爾會看他一眼。看著他獨自胡亂地擺動身子實在有些尷尬。過了好一段時間後，第二個人加入了，跟他一起手足舞蹈。現場感覺依然奇怪，但不像之前那麼怪了。

不久之後，第三、第四個人也加入了。現在變成一個團體在跳舞，這時比較容易加入。後來愈來愈多人開始參與，每個人各跳各的。隨著團體愈來愈大，局勢也加速發展。這群人迅速變成一大群，到了影片末了，有數百人歡呼跳舞，呼朋引伴。其他人從四面八方湧來，加入這一大群跳舞的人。這時你已經看不到第一位舞者，尷尬的獨舞變成了大家想要加入的運動。

最好、最大的運動通常是這樣開始的

「領導一場運動」通常是直接發生的，不是你規劃去做的。我所知道最鼓舞人心的例子之一，是勇敢的小女孩雅莉詩．史考特（Alex Scott）的故事。雅莉詩滿一歲以前，被診斷出罹患神經母細胞瘤，那是一種罕見的兒童癌症。四歲時，她想為醫生籌募醫療資金，這樣他們「就能幫助其他的孩子，就像他們幫助我一樣」。雅莉詩決定擺攤賣檸檬水。

她與哥哥靠擺攤籌募了兩千美元，並決定再做一次。後來，朋友與家人也開始擺攤賣檸檬水，消息因此傳開了。愈來愈多人主動幫忙擺攤、賣檸檬水。這個網絡不斷擴大，他們開始分享那些志願擺攤者的故事，以及其他像雅莉詩這種抗癌小鬥士的故事。美國其他地區的孩子也開始擺攤。此時，他們已經募集了二十萬美元，並把募款目標訂在一百萬美元。他們全家受邀上《今日秀》（Today Show）以及其他全國性的電視節目談論這件事[3]。雅莉詩八歲病危的時候，那時賣檸檬水的攤子已經有好幾百個。那促成了更多的新聞報導，也吸引了更多的參與及貢獻。那個基金會的網站把這個運動描述為「一個簡單的想法，千千萬萬個改變」[4]。

雅莉詩把擺攤賣檸檬水這個「簡單」的想法，與治療兒童癌症這個理念結合在一起，不知不覺中促成了比她想像還大的事情。

雅莉詩第一次擺攤賣檸檬水時，她的人脈圈只有家人與朋友。但隨著人脈圈的擴大，各種可能性也隨之增加。雅莉詩的父母後來出版了一本童書《雅莉詩和奇妙的檸檬水攤》（Alex and the Amazing Lemonade Stand）。一部名為《雅莉詩：希望小站》（Alex Scott: A Stand for Hope）的紀錄片在美國各地播放（播放該片就募集了三百萬美元）。許多公司也紛紛加入，贊助這個運動。基金會的活動範圍及其影響持續擴大。那個運動開始十年後，雅莉詩的家人再次接受《今日秀》的訪問。為了紀念運動十週年，他們預計全美兩千五百個檸檬水攤在一個週末內，就可以募款超過一百萬美元——那是整個運動的最初募款目標。在節目中，雅莉詩的母親回憶他們一路走來累積的成果：[5]

> 我真希望雅莉詩也在這裡。她如果還在的話，下週就要從高中畢業了。但她留下的遺澤，連我也難以置信。她激勵了那麼多人為兒童癌症的研究募資，也激勵他們在生活中做善事，這真是一件值得慶祝的事情。

今天，距離雅莉詩提出擺攤賣檸檬水的點子已近二十年了，她的基金會是兒童癌症研究的主要資助單位，籌募的資金已逾一．五億美元，並獲選為美國十大最佳醫學研究機構之一[6]。起初，雅莉詩與家人從未想過會有這樣的結果，他們的故事顯示，即使是最成功的運動，往往也不是一開始就有明確的目的。它們很自然就開始了。

問：這些故事很棒，但它們與工作有什麼關係？

我挑選這兩個極端的例子來說明領導力（「一個影響社會的過程，那可以盡量促進他人的努力，以實現一個目標」），是為了讓大家知道，可能性有超乎尋常的範圍。下面是一些人在職場上透過貢獻與連結以發揮領導力的一些實例。

工作上的簡單第一步

瑪拉決定搬回紐西蘭後，開始認識公司裡更多來自紐西蘭的僑民，所以她在公司裡創立了一個紐西蘭社團。那是一個線上社群，讓那些僑民與目前住在紐西蘭的居民因紐西蘭這個共通點而結識與互動。那也是一個實驗，她不確定那樣做能否吸引到夠多合適的組員，但她只花了幾分鐘就設好了網站。她喜歡在那裡分享資訊，結識新朋友，了解每個人關心紐西蘭的哪一點。如果那個線上社群可以吸引夠多的人參與，瑪拉可能變成公司裡的紐西蘭代表，從而開啟新的工作機會。或者，她可以更進一步，幫其他公司創立自己的紐西蘭社群，甚至把每家公司的紐西蘭社群都連到紐西蘭僑民協會（Kiwi Expat Association），那個協會的主旨是把「紐西蘭人和紐西蘭事業連向全球五十幾萬名紐西蘭外僑」[7]。

梅瑞謝爾（Meritxell）在巴賽隆納工作，那裡是規模較小的分公司，她非常關心職場是否賦予女性力量。當時公司內部剛成立一個新社團enRed（西班牙語的「網路」），她決定為那個社團貢獻一己之力。她開始在辦公室籌辦活動，發現女性對那些活動很感興趣。參與者持續增加，enRed成為西班牙分公司中最熱門的社團，梅瑞謝爾也成為那個社團的主要貢獻者。那段經歷激勵她去接觸公司其他地方的女性團體，以便與她們連結。她的小小第一步幫她建立了一個全球的同事網，也為她可能想開創的其他運動帶來了新點子。

第三部分第二章中那位非常熱中族譜及公司歷史的芭芭拉也是採用類似的方法。她先創立一個線上社群，把所有對公司歷史感興趣的人連結起來。她不知道這種人有多少，所以她從小規模著手。她可能因此結識幾位歷史愛好者，也可能因此發現很多人關心這件事、正等待有人出來領導他們。

這種模式幾乎可以套用在任何想法上。第一部分第一章的莎賓也是在工作上做了類似的事情，利用公司的內部網路去認識那些關注人力資源新方法的人。安雅利用公司的協作平台，與其他想要提升技能的祕書相連。你也可以這樣做，使用公司的工具去找那些關切相同主題或目標的人。你可以從小貢獻與小實驗著手，並從中學習。接著，持續貢獻，嘗試新事物，精進想法，培養更多的人際關係，就像本書描述的那樣。

問：如果我不在大公司任職，那怎麼辦？

如果你不是在大公司任職，你可以去其他類型的組織找像你一樣的人，並善用那些關係，就像第一部分第一章的霍迪加入無人機社群那樣。去一個像你那樣的人已經聚集的地方，無論是親自參與或線上參與都可以，把它當成你的組織。然後，想辦法貢獻與培養關係。

○⋯○⋯○

練習：你的檸檬水攤位是什麼？（十分鐘）

花幾分鐘想一個你關心的議題，那可以跟你當前的目標有關，也可以跟你希望在世界上發揮的影響力有關。別在意那是宏偉的目標、還是小小的正面改變。運動有各種形式與大小，它們都需要有人透過貢獻來領導。寫下你的選擇。

如果我要領導一場運動，那場運動的目標是：________________

對你與你的人脈網來說，你的檸檬水攤相當於什麼？也許，你在公司的內部網路建立一個線上小組，那個小組與你剛剛寫下的任務有關。或者，你在公司組織一個「午餐學習會」，邀請內部專家來演講。或者，你寫一篇跟你的目標有關的「十大」文章，發表在部落格上。沒有必要舉辦大型活動或任何花大錢的活動。只要做一個小實驗就行了——這是讓大家看見你的想法，把大家連向那個想法，也讓大家彼此相連的簡單方法。

現在就寫下一些想法：

問：為什麼我需要領導一場運動？

重點不是你需要領導一個團體，而是如果你想要的話，你可以那樣做。如果你關心某件事，很有可能其他人也關心那件事，你可以運用WOL的技巧來連結那些人，透過貢獻來發揮領導力，與大家一起完成你一個人無法完成的事情。

丹妮拉的運動

我是在一場WOL活動上認識丹妮拉的，因此我知道她是如何把自己關心的議題轉變成一項運動，把其他人連結起來，藉此發揮影響力，實現她無法獨自完成的改變。剛開始的時候，她跟大家一樣有疑慮，也感到恐懼。但她從小行動著手，逐步前進，在過程中獲得意見回饋與同伴的支持，目前看到了一些美妙的成果。她在LinkedIn上分享的故事，就是領導力的好例子：[8]

我在巴西出生，在德國生活十七年了。我是一個女人、工程師、也是一個九歲女孩的母親。

我剛到德國時，大家常問我：「你從事哪一行？」他們常猜我是英語或德語老師、社群助理，或其他與教學、語言或社服有關的職業……

當我說我是電子工程師時，他們總是回應：「哦，我猜不到耶，這對女人來說很難得，妳不覺得嗎？」我不喜歡這種刻板印象，不禁納悶：「為什麼會這樣呢？」

> 後來，我參加第一個WOL圈。在啟動有意義的探索時，有一個想法一直在我的腦海中縈繞：想辦法喚醒孩子對科學與科技的興趣。
>
> 但我該做什麼呢？

她的檸檬水攤是什麼樣子？她邁出的第一步，是在德國加入在地的一個協會，名為「工程女力」。她在那裡遇到志同道合的女性，得知多種實驗，包括讓經驗豐富的工程師去學校帶一群學童做物理實驗，讓女孩與男孩都接觸工程與科技職業，給他們機會去探索「實踐、實驗、觀察、呈現的技巧」。

丹妮拉利用WOL圈十二週的時間，與那些能夠以某種方式貢獻的人培養關係。她需要工程師在上班時間自願造訪學校，也需要學校接納他們的造訪，需要老師允許他們進入教室，需要資金以取得實驗所需的資源。這是一項艱鉅的任務，但丹妮拉說她「在有意義的社群人脈中做得愈來愈好」。幾個月後，她已經為第一次實驗做好了準備。

> 我們前往學校，一群好奇又興奮的孩子來迎接我們。我們與四年級的孩子進行磁力、聲學、平衡方面的實驗。孩子們製作了一個磁性賽道、一個旋轉的圓盤警報器、一個不倒翁玩具。
>
> 我們是五個來自五家公司的工程師，以物理老師的身分帶領孩子：我自己是開發汽車移動的電子工程師，另外四人分別是設計橋樑的土木工程師、設計火箭渦輪的機械工程師、設計義

肢的模型工程師、設計火車車台的運輸工程師。

當地報紙報導了她做的事情，那篇報導幫她觸及了更多的人。丹妮拉繼續做更多的實驗，尋找更多的志願者，參觀更多的學校。她做的事情充滿了挑戰與不確定性，但她說目前為止的經驗帶給她多元的效益。

我重新發現我對激勵孩子充滿了熱情，自從參加第一個WOL圈後，我就感覺到自己與外界相連，我終於了解人脈圈的運作。我能夠找到志同道合的夥伴一同發起一項運動。我充滿了分享與貢獻的動機，想要大方地分享，為後代打造一個更美好、更鼓舞人心的世界。

丹妮拉從她關心的理念出發，尋找其他同樣關心那個主題的人，並想辦法讓他們貢獻及連結起來。**那就是領導力**。想像一下，如果你也能像她那樣，把想法落實到生活中，你會感受到多大的力量。想像一下，如果有更多人像丹妮拉那樣，以大方分享、創意、堅持不懈的精神去面對問題與機會，你的組織會變成什麼樣子。這就是你可以運用WOL技巧做的事情。

九種透過貢獻來領導的方法

當我意識到連結與接納他人的力量以後，就開始注意那些我欣賞的人如何與他們領導的成員互動。例如，創投家威爾森是直接與受眾對話，他常向受眾提問，或邀請他們針對特定的議題來辯論。隨著那個圈子的成員持續加入討論，那些交流會自己發展，到最後，影響遠遠超出威爾森原先的發文。

在〈紐約眾生群像〉中，布蘭登凸顯出他人的故事，並為讀者提供一個安全的互動場所，下面的留言可以證明這點：

「我認為這個部落格最棒的部分是大家的留言。在這個部落格的體驗中，讀者對貼文的反應與貼文本身一樣重要。」

「布蘭登，你需要掐自己一下，以確定你不是在作夢嗎？看看你啟動的事情現在變成什麼了。現在這裡是一個神奇的社群，是由那麼簡單的東西聚集而成……圖片與文字。看到你新發布的文章，就像獲得小禮物一樣。」

以下是九種吸引大家參與以發起運動的方式：

1. **回應**。有人願意花時間針對你的工作留言評論，或提出問題時，你應該及時以個人化的方式回應。
2. **讓讀者針對你正在進行的工作發表意見**。分享未完成的工作，讓大家一起來塑造它，讓他們感覺自己是過程中的一分子。
3. **讓大家以你分享的東西為基礎，進一步發揮**。鼓勵大家延伸發展你做的事情，而不是試圖控制或保護它。

4. **分享大家對你工作的反應**。分享大家看到你的作品後，說了或做了什麼。
5. **與受眾交流**。你與人脈圈的交流愈自然、愈直接，他們愈有可能與你產生共鳴，也更關心你做的事情。
6. **讓受眾互相交流**。一定要讓人脈圈裡的人相連，鼓勵他們回應他人的留言。
7. **展示他人的作品**。展示他人如何應用你的想法，是一種肯定他人的方式，同時也證明了你的想法正在傳播。
8. **邀請受眾一起參與某事**。你出外旅行或參加活動時，讓人脈圈知道你的行動，也讓他們知道你很樂於親自與他們見面，這是加深關係的好方法。
9. **分享受眾的故事**。介紹那些深受你作品影響的人。

為了確保你的行動不是完全為了自己，一種作法是把焦點放在他人身上。鼓勵受眾參與你的工作，有助於擴大你的影響力。吸引人脈圈參與你的活動沒有一套指導原則或風格，你應該以個人化、真誠的方式，去和那些志同道合的人互動。

○…○…○

練習：你認識最好的領導者是誰？（五分鐘）

什麼運動能激勵你？想想你所屬的團體或社群，想想那些透過貢獻來領導運動的人，他們是怎麼吸引大家參與的。那個團體吸引你的地方是什麼？那裡發生了什麼事？你加入那個團體完全是因為那個領導者嗎？還是因為其他人也參與互動？至少寫下三個你喜歡的運動，以及你為什麼喜歡它們。

○…○…○

練習：透過連結與接納他人來領導（五分鐘）

領導力包括讓別人更容易跟隨你的腳步，做出自己的貢獻。想一想誰曾經對你的工作表示過讚賞，並且發一封個人化的推文、電郵，或LinkedIn訊息向他道謝。例如類似下面的短短幾句就夠了：

> 感謝你的意見與支持，我很感激，你激勵我繼續進步。

WOL運動

以前我一直以為，一場運動是你加入的東西，例如，民權運動或婦女運動。運動是有組織且重要的。運動是由傳奇人物發起的，而不是像我這樣的人登高一呼。但後來我聽了高汀在TED演講中談「部落」（tribes）[9]。他在演講中提到，無論是一群人一起塑造動物氣球，或一群人團結起來發揮影響力；無論是十個人，還是千萬人，現在要找到或形成一場運動比以往更容易了。畢竟，運動就是把人們從一個位置移到另一個位置的過程。任何運動的核心都是一種理念，一種對改變的追求，並吸引大家參與其中，讓他們想要做出貢獻，成為其中的一分子。領導者（高汀稱之為「關鍵人物」）是藉由貢獻與關連，把大家號召在一起的人。

在WOL方面，我最初做類似檸檬水攤的實驗時，規模很小。我試了幾種與他人相連的方法，例如，寫部落格、演講、開網路研討會、午餐聚會等等。每次小成果或小失敗都教了我新的東西。我逐漸學會如何利用剛剛列出的九個貢獻來吸引他人參與，那也促成更多的機會讓我廣納他人的參與，讓他們一起來塑造我的工作。

例如，寫這本書時，我獨自奮鬥了一年多，沒什麼成果。後

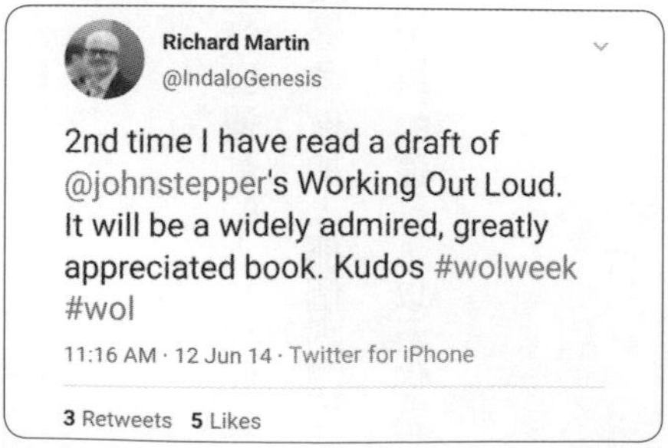
Richard Martin
@IndaloGenesis
2nd time I have read a draft of @johnstepper's Working Out Loud. It will be a widely admired, greatly appreciated book. Kudos #wolweek #wol
11:16 AM · 12 Jun 14 · Twitter for iPhone
3 Retweets 5 Likes

來，我和兩位好友分享草稿。他們如何回應呢？「謝謝你把這個東西託付給我」以及「你想聽我的意見，這對我來說很重要」。我請他們花時間閱讀我未完成的作品，**他們竟然還感謝我！**他們初期的意見回饋與鼓勵，激勵我繼續寫作，使這本書變得更好。在接下來的一年裡，我與一百多人分享了更多的草稿，其中多數人從未見過面，很多人是陌生人。有些人比以前更在乎這本書，還幫我宣傳，因為他們覺得自己在成書過程中摻了一腳。

隨著WOL運動的逐漸擴大，大家的貢獻範圍也跟著擴大。有人組成聚會，創造WOL藝術作品。他們翻譯現有的素材，也測試新的素材。他們在自己的公司內部成立線上的WOL社團，也發起活動來推廣WOL。他們在第十二週分享WOL自拍照及個人故事，包括挑戰、成功、進步、抱負。他們也互相幫忙。

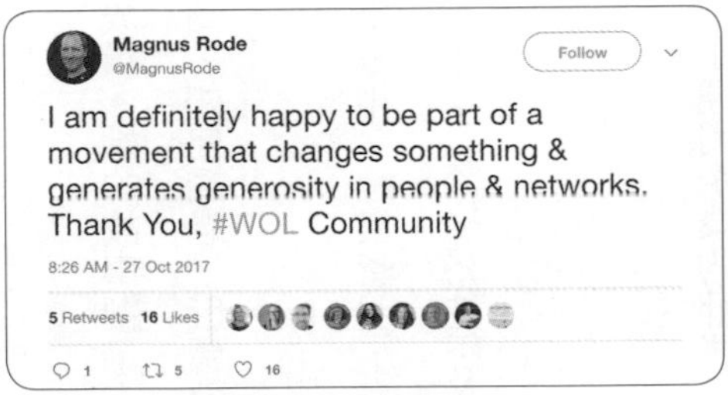

二十五歲的領袖

安瑪麗是我的朋友，也是我最初WOL圈的成員。她的故事顯示本章的想法可以做多大的發揮。她的年齡只有我的一半，但她的經驗讓我學到，如何透過「影響社會的流程來領導，盡量促進他人的努力，以實現一個目標」。

我與安瑪麗在同一家大公司的同一個團隊共事數年。她很聰明，家境方面沒有過人的背景。我第一次見到她時，她是做基層的工作，與四個兄弟姐妹以及從奈及利亞移民來的父母住在倫敦。她希望能掙夠錢，買一個屬於自己的小窩。

她的檸檬水攤是部落格文章。

安瑪麗的工作是幫我們這個大型全球公司的員工運用企業的社群網路來合作。她認為其他人可能會對這項工作感興趣，所以主動申請到霍普女性電腦科學活動（Grace Hopper Celebration of Women in Computing）上演講，並受邀參加小組討論。公司不願為她支付旅費時，她自己湊足了錢，買便宜的機票去了。在那次活動中，她聽到一場演講提到，過去三十年間，科技業的女性人數驟降。身為修過數學與電腦的人，她覺得自己有必要改變現狀。

她的第一步是寫下自己在會議中學到的東西。約十個月前，她開始寫部落格，題材多元，包括奧運會、給即將進大學的新鮮人建議等等。但那次會議之後，她開始把部落格的書寫重點放在

一個特定的主題上：[10]

> 科技界的女性有責任善用我們的科技力量去開發APP、幫忙處理重大的社會問題、教育下一代，讓他們也有能力這樣做。

接著，安瑪麗開始使用推特去尋找那些已經努力支持科技界女性的人。兩個月後，她有了明確的目的：[11]

> 我想幫女孩在理工領域開創職涯。

於是，她創立一個新組織，名為「科技女力」（Stemettes），並買下stemettes.org這個網址，馬上開始寫部落格。那個組織的目的是創造「一系列活動，以啟發、連結、激勵下一代女性，投入持久又快樂的理工職涯」。

安瑪麗告訴我：「如果你不告訴任何人你的想法，沒有人會幫你宣傳你的想法。」雖然她仍處於最初規劃階段，但她持續發表理念，希望其他人可以把那個理念發揚光大。她從一開始發文就尋求幫助，並邀請大家參與：

> 我們需要熱情的夥伴一起組成核心團隊，貢獻經驗、建議、想法與時間以精進理念。非常歡迎以前辦過活動的人來參加！
>
> 最初的範圍是在英國，但是在WOL中，我希望其他國家的人也能參與。我也希望運用我從

世界各地學到的各種形式、資源與啟示。

接著，安瑪麗開始透過各種管道來傳播她寫的東西，努力宣傳「科技女力」這個組織：「嘿，我在部落格上寫了一篇文章談這個，文中提到我想嘗試的三件事。」大家透過部落格、推特、電郵給予她鼓勵與協助。她一開始就是靠這種方式為一場活動邀請了演講嘉賓，學生與組織都對那場活動很感興趣。她聯繫了一些公司，詢問他們是否願意提供免費的會議場地及數百美元的贊助，那些錢足以用來供應現場的點心及添購一些用品。

就某種意義上來說，她辦的第一次活動沒發生什麼大事，沒有大量的人潮，也沒有大新聞。但她的確跨出了一步，那是幫她學習的實驗，也讓後續的其他機會更有可能實現。活動期間及事後所收到的正面迴響讓安瑪麗相信，她所做的事情是必要的，她把那些信心挹注到更大的實驗中。每次實驗，都讓她變得更擅長尋找資金及宣傳。第二次活動吸引了更多人來參與，我們公司的一位高管在公司內部的社群網路上讀到「科技女力」的相關資訊後，批准了公司對第三次活動的贊助。

安瑪麗幾乎每個月都在嘗試新事物。不是每件事都進行得很順利，例如，活動吸引的人數可能不如預期，或現場發生一些技術故障。但她從每次錯誤中記取教訓，積極改進。她開始寫部落格不到半年，科技女力就吸引了更多的合作夥伴，更多對科技感興趣的女孩及更多資金。現在，他們籌募了數千美元，安瑪麗逐漸建立了一個合作網絡，那些夥伴在財務、後勤、科技方面的支持，讓科技女力可以做更大、更有意義的事情。例如，在週末舉辦黑客松、舉辦研討會教女孩寫程式。他們也吸引了更多的關注。

一場有八十位女孩參加的黑客松，吸引了《觀察家週報》（Sunday Observer）刊登了兩頁專題報導。接著，《標準晚報》（Evening Standard）報導科技女力，並把安瑪麗列入「倫敦千人榜」。接下來是倫敦《泰晤士報》的報導。當時她在辦公桌前工作，突然接到英國獨立電視台（ITV）的電話，邀她上當晚的節目。他們說：「我們在《泰晤士報》上看到妳的報導。」安瑪麗根本不知道自己上報了，還衝出去買了一份。

安瑪麗與科技女力現在進入了一種良性循環。連結與人脈網讓她接觸到更多的人與人脈。她有一次去歐盟主辦的活動上演講，那次演講使她獲邀到布魯塞爾做簡報。隨後《衛報》（Guardian）刊登了一篇報導，標題是〈如何增加女性創業者？〉

她受邀到唐寧街十號的英國首相官邸與首相會面，接著又受邀進白金漢宮。在那裡，她與三百五十位英國科技業的頂尖人士交流。（我還記得安瑪麗與我們分享她與女王握手的照片時，整個工作團隊的反應。我們面面相覷，那表情融合了震驚、驚奇與驕傲，對於「我們之中的一分子」能有如此非凡的成就感到難以置信。）不久，安瑪麗受邀參加倫敦科技週的活動，她與麥克．彭博（Mike Bloomberg，彭博公司的執行長兼業主，也是前紐約市長）、提姆．柏納斯—李（Tim Berners-Lee，網際網路的發明者）、吉米．威爾斯（Jimmy Wales，維基百科的創辦人）同台。她告訴我，那是「掐自己的時刻」。那些活動為幫助年輕女性創造了更多的募資機會與新的可能性，例如，延續整個夏天的科技育成營、幫女孩創業等等。

我們都很好奇「她下一步要做什麼？」安瑪麗培養了很多新技能與連結，因此開創出眾多的美好機會。她最終決定全職投入科技女力組織。最新統計顯示，他們在歐洲各地幫助了四萬多位年輕女孩。成功不是一條精心規劃步驟的整齊路線，也不是順著許多人走過的路前進，而是有意義的探索，每一步都產生學習效應與連結，並增加一系列的可能性。安瑪麗的故事充分落實了本書提到的理念：

- 藉由公開分享想法與工作，安瑪麗發現了人脈與使命。
- 把她的作為塑造成一種達成更高目標的貢獻，她做的事情不僅對他人有幫助，也對她自己有助益。
- 透過嘗試以及從錯誤中學習，她持續精進自己。
- 經常投入有能見度的工作，因此有愈來愈多的證據顯示她的投入，也激勵他人加入她不斷擴大的人脈網。

● 藉由運用及連結其他的人脈網，擴大自己的貢獻，發揮更大的影響力，持續促成新機會。

你可以做什麼？

當你把工作視為單獨的活動，把自己視為唯一的舞者時，可能感到不安與孤獨。尋找並允許他人加入你的行列，可以徹底改變你的工作，也改變你對工作的看法。雖然很少人成為運動的領導者，但本書目前為止提到的所有想法與練習（練習WOL的五大要素）都已經幫你做好領導的準備。你已經練習了同理心與許多加深關係的方法。你已經練習了如何提高工作能見度，以及如何把你做的事情塑造成一種貢獻。你已經練習了吸引及接納他人的方法。

你準備好了。當然，你不需要發掘個人使命並建立一個超越你個人關注議題的人脈網。你也不需要發揮超乎多數人想像的正面影響。但如果你想做的話，你可以辦到，你有選擇。

在下一章中，我們會看到一些人，他們選擇領導一種特別有挑戰性的運動：改變企業文化。

本章重點

● 領導力不是授予你的頭銜，而是你透過貢獻逐漸掙來的。誠如克魯斯所寫的，領導力是「一個影響社會的過程，那可以盡量促進他人的努力，以實現一個目標」。

● 目前為止，WOL主要是談你自己以及你的個人貢獻與人際關係，但你的目標也可以是你與你的人脈網可以共同完成的事情。

● 許多運動是從很小的第一步開始（就像擺檸檬水攤那麼簡單），那一步促成了後面的其他步驟，並逐漸吸引到一群關心那個運動理念的人。

● 你的檸檬水攤可以是簡單的部落格（像安瑪麗那樣），或是午餐學習會，或任何公開展現理念及鼓勵他人貢獻的小活動。

● 安瑪麗打造及領導了一場運動，從而幫助了四萬多名年輕女性，這就是一種「有意義的探索」。每一小步都帶來新的學習與連結，增加更多的可能性。她的故事包含了WOL的五大要素，也顯示落實那五大要素將會帶來達成目標及實現自我的機會。

● 號召一場運動很罕見，但培養WOL的技能與習慣，可以讓你在想要號召運動時，已經做好了準備。

練習

一分鐘習題

在LinkedIn與推特上搜尋#WOL和#workingoutloud的標籤。你發現了什麼？大家在談論什麼？只有一個聲音在談論，還是有很多聲音？他們都在談論自己嗎？還是他們之間有互動？

五分鐘習題

想想你自己的檸檬水攤，以及你可能想號召的運動。想像一下，如果你像安瑪麗那樣，起初的一小步促成美好大事，那會是什麼樣子？那是什麼感覺？好好想像一下你會如何貢獻，如何與人連結，如何發揮影響力。試著放下一切恐懼與懷疑。設定計時器，讓自己充分運用這五分鐘好好想像一番。

13

改變企業文化

要改變個人行為，不僅要影響其環境，也要影響其心智。

奇普・希思（Chip Heath）與丹・希思（Dan Heath）

《學會改變》（Switch: How to Change Things When Change is Hard）

我坐在四十七樓舉行的餐會上，周遭環繞著曼哈頓市中心的美景，聆聽著負責地區事務的副執行長介紹公司的新文化計畫。該計畫的一部分，是最近高調宣布的一套企業價值觀。演講結束後，同桌一位資深高管針對如何改變企業文化，提出一項建議。

「我來說說該怎麼做吧！」他說：「他們應該到處貼海報，上面印著公司的價值觀，這樣大家就會記住了。」彷彿為了強調那有多簡單似的，他繼續說：「我敢打賭，這樣做不需要花到一百萬美元。」

雖然他是成功的聰明人，管理複雜的事業，但他完全不知道怎麼改變行為。他不是特例，管理高層逼我們出席會議以聽取新的價值觀，並指示我們回去以後向團隊「傳遞資訊」。他們要求我們要「實踐價值觀」，卻沒有告訴我們怎麼把那些價值觀融入日常工作中。

某個事業部雇用了變革管理顧問，幫大家了解變革計畫的運作。經過幾個月的努力，花了幾百萬美元後，最後他們只叫我們數千人玩一種桌遊，說我們可以在一小時內演練這種轉變如何影響我們與工作。

人不會因為被迫出席說明會、玩桌遊，或記住一串字彙（諸如「團隊合作」、「創新」）而改變，你可能覺得這道理顯而易見。但實施及衡量這些活動，比真正改變行為容易多了，所以許多公司選擇這樣做。

我分享這些故事不是為了嘲諷，而是想告訴大家，即使是擁有大量資源的聰明管理者，他們推動組織變革時也可能犯錯。儘管他們很清楚組織可能因此浪費很多個人與機構潛力，但是說到如何在公司文化中發揮影響力，他們總是困惑不解。

我和多數人一樣，覺得自己也無能為力。當然，我與同事會抱怨「公司的運作方式」，我們也會談到改變公司的管理、策略或政策（或三者皆改）的必要性。但是，個人能做什麼呢？我們認為自己無能為力，所以年復一年，消極地看著文化改造計畫來來去去。我們不斷地等待，等待改變的到來。

你還能做什麼呢？

改變企業文化的另種方式

開始接觸另一種方式的契機，是某次我在辦公室裡參加一場視訊會議。法蘭克福的一位同事安排了一場會議，讓十幾位讀過WOL相關資訊且有興趣了解更多的德國人來參加。其中一位與會者是博世公司（Bosch）的卡特琳娜．克倫茲（Katharina Krentz）。該公司在全球有四十幾萬名員工。

當時卡特琳娜的部分工作，是建立線上社群，讓員工分享知識及協作，那很有挑戰性。她認為博世擁有需要的技術，也有溝通良好的策略，可以成為「一家靈活、高度互聯的公司」，但依然欠缺一個東西：行為改變。多數員工的習慣太根深柢固了。

卡特琳娜讀到WOL的相關資訊時，覺得WOL有助於彌補缺失的那一塊。「五大要素」正好是她想要推廣的心態，「WOL圈」則是幫大家培養技巧與習慣，以便把那些心態落實到日常工作中。所以卡特琳娜去找她的老闆，建議在工作中組成一個WOL圈，老闆明確地否決了她的提議。老闆覺得他們已經太忙了，現在不是嘗試新東西的時候。

卡特琳娜並未因此打退堂鼓，她利用自己的時間與幾位同事組成WOL圈。她很喜歡那個感覺，並跟一些朋友分享，於是又出現更多的WOL圈。後來，她在公司的協作平台上分享親身體驗，並在那裡成立一個線上WOL社群來宣傳。不久，就出現十幾個WOL圈，她得到許多正面回饋，連老闆也鼓勵她繼續下去。

就像前一章的領導者一樣，卡特琳娜不斷地嘗試與學習。隨著那個運動的發展，她想辦法連結及接納其他想要貢獻的人。她把志願者組成一個WOL團隊，他們一起把WOL指南翻譯成德語，在公司的不同事業部與地點舉辦WOL活動，並支持WOL的傳播。這個團隊因為以這種自行動員組織、自行管理的方式一起運作，而獲得德國社群網路XING的肯定，獲頒新工作獎（New Work Award）[1]。

當一個WOL圈在博世結束時，WOL團隊鼓勵他們分享他們的「WOL時刻」，並填寫一份詳細的調查。當線上的WOL社群成長突破一千人時，員工的好評與正面的調查結果促使公司把WOL列入官方學習目錄中，也納入公司新進員工的訓練流程。卡特琳娜眼看WOL推廣有成，決定去找負責人力資源的董事，請他在公司裡倡導WOL。他不僅答應了，還發布了一份新聞稿：[2]

> 數位時代，在網路上工作及利用數位機會是人人必備的關鍵技能。WOL對我來說很重要。這些技能對博世也很重要。WOL圈是獲得這些技能的實作法。這個主題在博世內傳播的速

> 度，以及在全球引起的正面迴響，都令我印象深刻。我一再聽到，許多不同背景的同仁對這個方法的效能讚不絕口，充滿驚喜，因為ＷＯＬ多元又簡單。我很榮幸獲邀在公司內部提倡這個方法，也欣然接受這份邀請。

就像雅莉詩的檸檬水攤及安瑪麗的部落格貼文促成他們未曾想像的可能性一樣，卡特琳娜的第一個ＷＯＬ圈也帶來了新方法，讓她與不斷成長的ＷＯＬ運動可以發揮影響力。新的提倡者與合作夥伴的加入，使這項運動能夠更快地擴大規模。她開始組織大型的年度會議（「WOLCONS」）來連結社群及鼓勵新人加入，並想辦法把ＷＯＬ整合到既有的計畫中。其中一個計畫是博世旗下某個事業部的文化變革計畫，那使她有機會接觸到二十八個地點的四百多位員工，並組成八十多個新圈子。

隨著時間推移，卡特琳娜變得更有自信，並開始提高她的工作在公司以外的能見度。她在LinkedIn上發文，在大型會議上發表演講[3]，並開始鼓勵其他公司自己推動ＷＯＬ運動。卡特琳娜與另外四家德國公司的人組成一個ＷＯＬ圈（包括第一部分第一章的莎賓，當時她仍在西門子的人力資源部工作），並把那幾家公司及其他公司組織成ＷＯＬ實作社群。他們開始分享學習心得，並為德國及其他國家的ＷＯＬ愛好者舉辦公開的ＷＯＬ會議。一些播客與文章開始報導他們的合作，他們甚至還贏得「ＨＲ卓越獎」的員工敬業與協作獎，那也是該獎項首度頒給一群公司[4]。

那個跨公司WOL圈的另一位成員，是來自戴姆勒的盧卡斯・富特爾（Lukas Futterer）。他參考博世的學習經驗，迅速在戴姆勒推動WOL運動。WOL融入了戴姆勒的全球文化變革計畫，使WOL圈在歐洲、美洲、亞洲傳播得更遠。戴姆勒與博世聯手培訓了一群內部導師，他們在全球支援及傳播WOL圈。兩家公司也合作為四百多位員工舉辦一場WOLCON。兩家公司的董事站在台上，穿著WOL的連帽衫。會後，戴姆勒公司發布了一份新聞稿，引用其勞資總會會長的一席話：5

戴姆勒公司的勞資總會會長麥克・布萊希特（Michael Brecht）指出：「WOL證明數位轉型沒必要帶來恐懼與擔憂，關鍵在於那轉型是怎麼設計的。如果你公開工作讓大家看得見，你也會知道它的價值所在。如果你建立人脈，你會發現更多的歸屬感與認同感。如果一種新方法的所有使用者都能在工作中獲得更多的樂趣，這種方法就是正確的，也使工作更人性化。身為勞資總會，我們只能大力支持。」

在我撰寫本書時，卡特琳娜在博世發起的運動仍持續擴大。最近，她前往日本培訓WOL導師，也在那裡宣傳WOL圈。她在公司的年會上向記者談到博世推動的WOL運動，就在博世的執行長發表演講之前。現在連博世的工廠裡也有WOL實驗，在世界各地還有為人力資源經理設計的WOL計畫。

這些都不是卡特琳娜或團隊規劃的宏大計畫。機會是從他們跨出的每一步衍生出來的，卡特琳娜與團隊也充分把握了那些機會。透過熱情、創意與堅持不懈，博世的WOL團隊目前領導一場迅速發展的運動，在五十個國家吸引了五千多名員工共襄盛舉，並激勵了數十家其他公司投入類似的活動。

問：我不認為一場「運動」就能改變一家公司的文化。變革必須從最高層推動。你需要改變公司的結構與系統，只有真正的領導者（例如管理高層）能做到那樣。

結構與系統絕對重要，高階管理者確實對它們有巨大的影響力與權威。然而，卡特琳娜領導的運動促成公司文化的重大改變，也有充分的理由。

首先，請注意卡特琳娜的努力，她最初是遭到否定的，但最終連公司最高階的管理者也接納了。幫五千名員工培養新技能與新行為，而且公開展現成果——這使管理者更有可能落實呼應那個運動的改變。請記得本章一開始引用奇普．希思與丹．希思的那句話：「要改變個人行為，不僅要影響其環境，也要影響其心智。」只有當你和同事都能**感受**到改變，而不只是看到牆上的海報或高管的勸誡時，一個變革才會顯現出你想要看到的改變。夠多的人有那種感覺時，管理、結構、系統的改變會變得更容易。

第二種論點是，即使結構與系統無法立即改變，有夠多的人（達到臨界規模）展現出新行為時，也會影響剩下的多數人，並使新行為成為新常態。研究人員探索這個概念，並將他們的研究結果發表在《科學》期刊（Science）上，標題是「社會慣例引爆點的實驗證據」[6]：

當熱切投入的少數群體達到總人數的二五%時，就觸發了引爆點。少數群體便成功地改變了約定成俗的社會慣例。

最後，假設你無法衡量卡特琳娜領導的運動對公司文化的影響，她依然幫五千多人培養了新技能與人際關係，幫他們實現在職場上有自主權、有能力、有人脈的內在需求。即使你無法衡量這些東西，這些改變仍會產生漣漪效應，往外擴散，影響整個公司的團隊與專案。

問：我在公司裡無法這樣做，我們公司太保守了。

剛開始做時，請先抱著「擺攤賣檸檬水」的心態，而不是想要「改變企業文化」。對卡特琳娜來說，想在博世改變四十幾萬名員工是不可能的。但是找到四人組成WOL圈呢？那就是她能做到的。

就像前一章提到的音樂節例子一樣，當人們有某種感覺並想要與他人分享那種感覺時，改變就會發生。你不需要改變每個人，你只需要幫助少數人，然後使那些少數人能夠去幫助更多的人。一場運動的開始，幾乎都是因為有一個人說：「這次我想嘗試一點不一樣的東西。」一定要有一個人先邁出那個第一步。

第一批舞者

根據我的經驗，阻礙多數人領導（也是阻礙我大部分職涯）的因素不是能力，不是機會，也不是老闆，而是你腦中的一股聲音，一種你必須在行動前先獲得許可的感覺，一種你是否有權領導大家的懷疑。「萬一我遇到麻煩怎麼辦？」「我憑什麼做這件事？」

只要你邁出小小的第一步，第一個問題比較容易解決。沒有人會因為擺攤賣檸檬水而惹上麻煩。對付自我懷疑就比較棘手了，克魯斯對領導力的看法是很好的自我提醒[7]：

> 領導力與一個人的資歷或公司內的層級地位無關。
>
> 領導力與頭銜無關。
>
> 領導力與個人屬性無關。
>
> 領導力不是管理。

當你把領導力當成一種貢獻，覺得你是在做真正對別人有幫助的事情時，你當然有領導大家的權利，這種感覺讓你更容易邁出第一步。

凡妮莎·諾斯（Vanessa North）是澳洲阿得雷德（Adelaide）稅務局的「獨行者」。她參加了一個WOL圈，非常喜歡那個圈子，甚至因此為同事辦了一個非正式的說明會。後來她寫信告訴我事情的發展：

> 四十六人來了，有些人不能來但仍想報名，有些人是事後聽到消息來報名。所以……看好囉……四十六人出席說明會，但有五十五人報名加入WOL！所以……（請來點鼓聲）……
>
> 我算了一下，這是一二〇%的報名率☺

伊利諾斯州水牛城的賴瑞．格利克曼（Larry Glickman）是猶太教改革派聯盟（Union for Reform Judaism）的催化劑，該聯盟支持近九百個猶太教會，共有一百萬名會員。賴瑞體驗了WOL圈後，開始透過網路社群來宣傳WOL。於是，一個WOL圈變成兩個，接著變成四個，然後變成十五個，並持續擴散。全美各地的猶太教會開始問起WOL。這些早期的成果讓賴瑞更有信心開始公開書寫，並向大家簡報他做的事情，最近一次演講的觀眾甚至多達兩千多人。他說：「WOL變成我們常用的術語。我們以歡迎大家表達意見及參與的方式來分享資訊。現在，我們的組織開始以一種新的方式運作。[8]」

在上海，吳傳娟（Connie Wu）說，WOL使她變得更有自信，她開始把握機會公開展現作品。她的WOL圈結束後，她又和幾位在中國不同公司任職的人另組一個圈子。不到一年後，她組織了一群志願者，把WOL指南譯成中文，並與上海的母校（商學院）合作，推出一場活動，

「幫忙在中國宣傳WOL」。為什麼她要這麼做呢？為什麼有人會追蹤她的資訊呢？[9]

我們之所以採用WOL，不只是因為熱愛WOL，也因為我們渴望體驗工作可以達到的美好境界。

你渴望什麼？

某個夏日，我與家人一起造訪尼加拉瓜大瀑布。為了躲避豔陽，我們進室內看了一部短片，名為《世界在此改變》（The World Changed Here）。那短片僅六分鐘，但片名及片中描述的轉型故事讓我想起這本書中提到那些試圖發揮影響力的人。

在十九世紀中葉，瀑布周圍的土地是私人企業所有的，那些企業大多運用湍急的流水為工廠供電。那時大眾能看到的瀑布有限，而且這裡看起來像某種反烏托邦的工業荒地。造景師弗雷德里克・奧姆斯德（Frederick Law Olmsted，以設計紐約市的中央公園聞名）在一八六〇年代開始鼓吹瀑布保育。其他人也加入他的行列，後來開始有人利用當時的社群媒體——報紙與遊行——展開宣傳活動。消息傳開以後，一場運動形成了，並引起政府的關注。一八八五年，尼加拉瓜瀑布州立公園成為美國第一個州立公園。

如今，那個瀑布美得令人屏息。整座公園是三百種鳥類的家園，每年吸引三千多萬人來這裡接近大自然。這裡仍有商業活動，但商業活動與自然美景及瀑布和諧共處，現在美國有一萬多個州立公園。這一切之所以存在，都是因為有少數人關心，並激勵他人團結起來發揮影響力。

本章提到的一些領導者，都是受到當今世界面臨的重大問題所啟發，有些領導者是希望改善企業文化，「渴望體驗工作可以達到的美好境界」。他們都利用了第一部分第二章提到的內在激勵因素：

自主：我可以採取行動來改變事情，我不是無能為力。

專精：我正在學習與改善，發展新技能。

關連：有其他人跟我很像，我們可以一起發揮影響力。

你渴望什麼呢？無論你是否領導一場變革，那番企圖都帶有一種力與美。那些有勇氣採取行動的人讓我深受鼓舞。正因為有他們的付出，我們才可以說：「世界在此改變了。」

那只需要一個人發起一場運動就行了，那個人可能就是你。

本章重點

- 在你的公司內部領導一場WOL運動，以體會你與你的人脈圈可以一起達成什麼。
- WOL在一個組織中的傳播，通常是從毫無預算或許可的基層運動開始的。只有幾個早期的WOL圈幫忙測試概念。
- WOL可能是多數組織變革計畫欠缺的一環，它可以幫員工體驗更好的工作方式，並感受改變對他們與公司的好處。
- 任何人都可以啟動一場運動，何不由你開始呢？

練習

一分鐘習題

你相信任何人都可以領導一場運動來激發有意義的改變嗎？還是你覺得改變只能從「高層」開始？

無論你選擇哪一個答案，你的答案給你什麼感覺呢？

五分鐘習題

在公司的內部網路上開設一個ＷＯＬ群組。在這裡，你可以連到ＷＯＬ指南，或ＷＯＬ的相關文章與影片，並分享組織內外人員的經驗。如果這種小組已經存在，請用五分鐘的時間寫下你的ＷＯＬ經驗。你可以寫你對這本書的想法，或你有興趣自己開創一個ＷＯＬ圈，或詢問其他人是否對這個主題感興趣。

如果你的公司沒有內部網路，你也可以加入臉書與LinkedIn的ＷＯＬ群組，並在那裡發布一些東西。

看你是否會得到回應，或吸引第二個舞者來呼應你的運動。

14

找到人生意義

在沖繩文化中，ikigai（生き甲斐）是指「早上起床的理由」。

維基百科

我第一次聽到ikigai（編注：生活的意義）這個詞，是在一場演講上，那場演講是談長壽健康的生活祕訣[1]。一組研究人員調查全球百歲人瑞密度最高的社群。那場演講中提到有九個因素促成長壽，包括飲食、運動，以及維持社交聯繫的方式。其中一個長壽社群位於日本南端的沖繩，他們長壽的一個原因是當地人稱之為ikigai的使命感。

我造訪沖繩時，看得出來那裡的生活比我居住的紐約更平衡，甚至比我常去旅行的東京平衡。當地的步調不是那麼匆忙，工作的薪酬可能不如城市，但人們為自己的工作感到自豪。他們通常只吃當地的時令食物，家庭成員之間的關係比較緊密。

日本國家老化研究所（National Institute on Aging）訪問百歲的沖繩人瑞，其中一個問題是：

「你的ikigai是什麼？」那份長壽研究顯示，在沖繩主島的一個地區，百歲人瑞的數量是美國的五倍，當地人的平均壽命比美國人多七歲。而且，他們也比較健康，罹患結腸癌與乳癌的比率是美國人的五分之一，罹患心血管疾病的比率不到美國人的六分之一。

那場演講令我不禁納悶：「我的ikigai是什麼？」我沒有答案，只有一種揮之不去的感覺，認為人生不該只是工作與生活而已，應該還有更多其他的東西。但更多的什麼呢？是錢嗎？還是成就呢？

「你本來的樣子就很完美，而且……」

從小到大我一直認為，滿足現狀是一種懶惰的象徵。你應該不斷地精進，專注地改善事情或精益求精。所以我以為我的人生目標或幸福應該是某種目的地，或許是某種讓我把下面的句子講完的工作或生活方式：「當……我就快樂了。」然而，隨著年齡增長，我開始明白，這種人生觀只會導向一種永遠不夠好的生活，使人朝著一條不存在的終點線衝刺。

我在鈴木俊隆（Shunryu Suzuki）的作品中看到一種更好的哲理。鈴木俊隆因早年在美國創立頗具影響力的禪宗組織而聞名。一八六〇年代末期，他提倡「沒有得失心」，強調實踐是為了落實一件事，而不是為了將來的某種利益。他說，追求與執著於期望，不僅扭曲了實踐，也會帶給你痛苦[2]：

> 你會對某種概念或自己設定的理想充滿憧憬，你會努力達到或實現那個概念或目標。但正如我常說的，那很荒謬，因為當你對實踐充滿憧憬時，你已經有得失心了。所以，當你達到某個階段，你的得失心又會再創造出另一個理想……由於你的理想成就總是在前方，你總是為了理想而犧牲自己。所以，這很荒謬。

一位學生請鈴木俊隆解釋一下他的意思，於是鈴木俊隆簡化如下：

> 你本來的樣子就很完美，而且還有改進的空間！

他可能是在開玩笑，但那段話讓我不禁好奇，那種矛盾是否有可能存在。如果你能夠接受真實的自己，也能夠接受真實的別人，而且仍對進一步的發展抱持開放與好奇的心態，那會是怎樣呢？如果你能在沒有壓力、也沒有戲劇性的情況下，善用個人發展與進步的所有效益，那又會是怎樣呢？

WOL幫我找到了人生意義，儘管它可能不是我原先想像的那樣。後來我發現，我的人生意義不在於改變人生，而在於改變自己生活的方式。多年來我落實WOL的五大要素時，學會了多做貢獻，少點期望；多發揮善意與同理心，而不是評判；更在乎意義，但依舊保持好奇心。最重要的是，我正在發展的人際關係為我帶來源源不絕的充實感、進步與機會。WOL的心態讓我有更大的抱負，也讓我在努力實現它們的時候，感覺更平和。那也使生活變得更加有趣。

我遭到公司資遣一個月後，成立了自己的公司，名為Ikigai LLC。

找到你的人生意義

不管你年紀多大，生命中最美好的時光都可能在你眼前，包括你從未想像過的可能性。你的人生意義不需要和未來某個遙遠的目標有關，而是和你每天的生活方式有關。它可以是某種實踐，而不是結果。

我在專為新手開設的瑜伽課上清楚地看到這點。瑜珈老師看到學員為了某個姿勢而掙扎時，就會鼓勵我們專心練習，把注意力放在動作上，不要擔心結果。她給我們的建議讓我想起了WOL：3

> 實踐就是建立連結，就那麼簡單。建立對你有意義且適合你的連結。當你那樣做時，你就成長了，達到對你更重要的地方。

我真心希望本書的結尾對你來說是一個開始，當你實踐WOL時，你會找到自己的人生意義。也許你會精心設計現在的工作，讓它變得更有成就感。也許你會在人生中寫下新的篇章，或領導別人在你的公司或世界上發揮影響力。也許你會因此更喜歡每一天，創造「任何對你有意義且適合你的事情」。

祝你好運。

謝辭

如何感謝成千上萬的人？

我需要從塑造這本書、提供支持與靈感的數百人開始謝起。第一位看到這本書片段的人是Moyra Mackie，她非常支持我，鼓勵我繼續努力。Eve Eaton看了好幾版枯燥的草稿，溫和地鼓勵我寫出更有人情味的東西。在寫書的這些年裡，她的洞見與友誼給了我很大的幫助，至今我依然充滿感激。我只透過Skype和Richard Martin通過一次話，他大方提供了數百則詳細的意見，並在過程中使我變成更好的寫作者。當他說「這本書將幫助很多人」時，我受到了鼓舞，讓我更努力投入寫作。

許多人不厭其煩地對我未完成、未潤色的作品提供書面意見，他們實在很大方，我想在此一併致謝：Kavi Arasu、Cornelia Bencheton、Helen Blunden、Jonathan Brown、Brigit Calame、Jacqui Chan、Bonnie Cheuk、Marie-Louise Collard、Dary Degrave、Cecil Dijoux、Brancon Ellis、Kathryn Everest、Mark Gadsby、Ravi Ganesh、Maddie Grant、Jessica Hale、John Harwell、Clay Hebert、Ken Hittel、Abigail Hunt、Christopher Isak、Harold Jarche、Irene Johansen、Lois

Kelly、Guy Lipman、Anna-Clare Lukoma、Jackie Lynton、Victor Mahler、Jane McConnell、Stuart McIntyre、Ben McMann、Soon Min、Yavor Nikolov、Virpi Oinonen、Thomas Olsen、Vera Olsen、Martin Prusinowski、Paivi Raty、Carol Read、Greg Reilly、Perry Riggs、Kasper Risbjerg、David Robertson、John Rusnak、Samantha Scobie、Susan Scrupski、Ana Silva、Xavier Singy、Suellen Steward、Joachim Stroh、Lisette Sutherland、Kevin Sweeney、David Thompson、Andrej Vogler。我特別要感謝Eric Best，他曾是記者，也是《父親的守靈》（My Father's Wake）一書的作者。早期我寫部落格時，他給我的鼓勵與編輯協助，激勵了我成為更好的寫作者。此外，還有許多人與我分享想法、意見與支持，也有更多人閱讀與分享我每週發布的文章並留言。我想向你們每一位衷心表達感謝。

我要感謝與我一起開發個人教練課程及第一版ＷＯＬ圈的每個人。Patrick Arnold與Barbara Schmidt是我輔導的第一批學員，我永遠忘不了他們對我的耐心與鼓勵。Mara Tolja與Anita Sekaran、David Griffin、Anne-Marie Imafidon組成第一個倫敦的ＷＯＬ圈，他們塑造出ＷＯＬ圈的概念。我在巴賽隆納ＷＯＬ圈的伙伴Luciano Scorza、Carles Rodrigues、Meritxell Martinez好心地幫我了解哪些作法有效、哪些無效。我在紐約的第一個ＷＯＬ圈（包括Sharon Jurkovich、Nicola Harrison、Melody Browne）幫我實踐了我宣揚的東西，並把它變成習慣。

此外，我也要感謝書中提到的所有人，他們的故事都激勵了我。我很榮幸能從Sabine Kluge、Anja Rubik、Joyce Sullivan、Nikolay Savvinov、Paul Hewitt、Hayley Webb、Daniella Cunha Teichert、Mari Kotsky、Bernadette Schreyer、Vincent Kosiba獲得第一手的資料。我也從那些更公開的例子中學到很多，包括Fred Wilson、Brandon Stantor、Jordi Munoz、Bryce Williams、Jane Bozarth、Amanda Palmer、Austin Kleon、Alex Scott、Scott Berkun、Salman Khan、Tim Grahl、Alycia Zimmerman。

還有很多人以不同的方式傳播ＷＯＬ，我都很感謝。許多人告訴朋友，或在社群媒體上分享他們的經驗。有些人甚至帶領志願團隊翻譯ＷＯＬ指南，例如，Tiago Caldas（葡萄牙文）、Fiona Michaux（法文）、吳傳娟（中文）、Sebnem Maier（土耳其文）、Barbara Wietasch（西班牙文）、Marc Van De Velde和Annemie Martens（荷蘭文）、Teresa Arneri和Maria Chiara Guardo（義大利文）。Ragnar Heil與Jochen Adler在德國發起的ＷＯＬ運動中扮演關鍵要角，現在從奧克蘭到維也納，有數十人組織當地的ＷＯＬ運動。在第三部分第十三章，我提到Katharina Krentz與Lukas Futterer的成果。我會永遠感謝他們以及博世與戴姆勒的ＷＯＬ團隊，他們對ＷＯＬ有極大的影響。我感謝所有的ＷＯＬ團隊，也受到他們的鼓舞，他們以最初的成果為基礎，持續不斷地發展。我也要感謝數百人在他們的組織裡推動基層的ＷＯＬ運動。

在附註中，我引用了一些影響我思維的研究人員與作者，其中兩人改變了我的人生：Keith Ferrazzi與Seth Godin。Ferrazzi的課程剛好出現在我人生的關鍵時刻，它讓我明白培養人脈與發現機會有更好的方法。Godin的部落格每天都帶給我鼓勵，讓我深受鼓舞。有一次他演講結束後，我親自去向他道謝，並請他在他的人形玩偶上簽名。這件事說來尷尬，卻是事實。他在人偶上簽了「去製造騷動吧」。

我想要感謝Page Two Books的團隊，他們讓這本書得以問世，使它變得比我獨立完成的任何作品還好。Trena White、Gabi Narsted、Peter Cocking、Paul Taunton、Melissa Edwards、Annemarie Tempelman-Kluit幫我改善修辭，製作出這樣一本美好的書，並把它送到世界各地的讀者手中。

最後，多數作者都會感謝家人的耐心與支持，但我的家庭發揮了特別重要的功能。我的孩子Emily、Adrian、Olivia、Hanako、Hudson每天都帶給我快樂，老么可說是聽著ＷＯＬ長大的。我的妻子Saori忍受我一切的懷疑、失誤與情緒起伏。她的支持、智慧與關愛讓我去做自己從來沒想過能夠辦到的事情。

附註

前言

1. 一般認為五隻猴子的故事是受到戈登・史蒂芬森（Gordon R.Stephenson）等人於一九六六年發表的論文〈Cultural Acquisition of a Specific Learned Response Among Rhesus Monkeys〉所啟發。如今大家把這個故事當成商業寓言，而不是科學事實。就像我們告訴孩子五隻小猴子在床上蹦跳的故事以免他們受傷一樣，這個猴子「習得無助感」的故事也是用來鼓勵大家更注意自己做的事情及其背後原因的警世寓言。
2. Connie Wu, "WOL Week—My Experience," LinkedIn post, November 16, 2017, https://www.linkedin.com/pulse/WOL-week-my-experience-connie-wu.

導讀

1. 影片僅九分鐘，可上YouTube觀賞：https://www.youtube.com/watch?v=XpjNI3Z10uc. 我自己對那次演講的評論：http://workingoutloud.com/blog//how-did-the-tedx-talk-go.

Part1 ① 四個故事

1. Haufe Online, "Ehrung der 40 fuhrenden HR-Kopfe 2019," July 11, 2019, https://www.haufe.de/personal/personalszene/die-40-fuehrenden-hr-koepfe 74 430632.html.
2. Albert Sabate, "Jordi Munoz Wants You to Have a Drone of Your Own," ABC News, February 1, 2013,http://abcnews.go.com/ABCUnivision/News/jordi-muoz-drone/story?id=18332163.
3. Chris Anderson, Makers: The New Industrial Revolution (New York: Crown Business, 2012), 146.

Part1 ② 改善機運

1. Studs Terkel, Working: People Talk About What They Do All Day and How They Feel About What They Do (New York: The New Press, 1974).
2. Bob Chapman and Raj Sisodia, Everybody Matters: The Extraordinary Power of Caring for Your People Like Family (New York: Portfolio/Penguin, 2015).
3. Terkel, Working.
4. Tony Schwartz and Christine Porath, "Why You Hate Work," New York Times, May 30,

2014,http://www.nytimes.com/2014/06/01/opinion/sunday/why-you-hate-work.html.

5. Aaron Dignan, Brave New Work: Are You Ready to Reinvent Your Organization? (New York: Portfolio/Penguin, 2019), 8.

6. Maddie Grant and Jamie Notter, Humanize (Indianapolis: Que Publishing, 2011), 58.

7. Susan Sorenson, "How Employee Engagement Drives Growth," Gallup Business Journal, June 20, 2013, http://www.gallup.com/businessjournal/153130/employee-engagement-drives-growth.aspx.

8. Amy Wrzesniewski, Clark McCauley, Paul Rozin, and Barry Schwartz, "Jobs, Careers, and Callings: People's Relations to Their Work," Journal of Research in Personality 31 (1997). 21-33.

9. Daniel H. Pink, Drive: The Surprising Truth About What Motivates Us (New York: Riverhead Books, 2011), 76.

10. Amy Wrzesniewski and Jane E. Dutton, "Crafting a Job: Revisioning Employees as Active Crafters of Their Work," Academy of Management Review 26, no. 2 (2001): 179-201.

11. Mark Granovetter, "The Strength of Weak Ties," American Journal of Sociology 78, no. 6 (May 1973): 1360-1380.

Part2 ① WOL工作法的演變

1. Glyn Moody, "Thinking and Working Out Loud," Open..., September 20, 2006, http://opendotdotdot.blogspot.com/2006/09/thinking-and-working-out-loud.html.

2. Bryce Williams, "When Will We Work Out Loud? Soon!" TheBrycesWrite.com, November 29, 2010, https://thebryceswrite.com/2010/11/29/when-will-we-work-out-loud-soon.

3. 「社交工具」包括推特、LinkedIn等公開社群媒體平台，以及Jive、Yammer等企業社群網路（員工在公司裡用來協作的工具）。

4. 你可以在YouTube上看到我的影片〈What Is Working Out Loud?〉：https://www.youtube.com/watch?v=yOpgtC1JEzY.

Part2 ② 有意義的探索

1. Alain de Botton, The Pleasures and Sorrows of Work (New York: Vintage, 2010), 113.

2. Bill Burnett and Dave Evans, Designing Your Life: How to Build a Well-Lived, Joyful Life (New York: Alfred A. Knopf, 2016), 114.

3. Brandon Stanton, "Humans of New York: Behind the Lens," Huffington Post, May 3, 2013, http://www.huffingtonpost.com/brandon-stanton/humans- of-new-york-behind b 3210673.html.

4. Sarah Goodyear, "A 'Photographic Census' Captures New York's Characters," The Atlantic Citylab, April 20, 2012,http://www.citylab.com/design/2012/04/photographic-census-captures-new-yorks-characters/1816.

5. Stanton, "Humans."

6. Brandon Stanton, "I Am Brandon Stanton, Creator of the Humans of New York Blog," Reddit, May 20, 2013, http://www.reddit.com/r/IAmA/comments/1eq6cm/i_am_brandon_stanton_creator_of_the_humans_of_new.

7. Humans of New York, "We told her to sit with us so we could share her sadness," Facebook, August 8, 2014, https://www.facebook.com/humansofnewyork/photosZa.102107073196735.44

8. Reid Hoffman and Ben Casnocha, The Start-up of You: Adapt to the Future, Invest in Yourself, and Transform Your Career (New York: Crown Business, 2012), 8.

9. Eric Ries, The Lean Startup: How Today's Entrepreneurs Use Continuous Innovation to Create

Radically Successful Businesses (New York: Crown Business, 2011).

Part2 ③ 人脈關係

1. Nicholas A. Christakis and James H. Fowler, Connected: The Surprising Power of Our Social Networks and How They Shape Our Lives—How Your Friends' Friends' Friends Affect Everything You Feel, Think, and Do (New York: Back Bay Books, 2009), 31.
2. Dale Carnegie, How to Win Friends and Influence People (New York: Pocket Books, 1936), xix.
3. R.A. Hill and R.I.M. Dunbar, "Social Network Size in Humans," Human Nature 14, no. 1 (2003): 53-72.
4. Robin Dunbar, Grooming, Gossip and the Evolution of Language (Cambridge: Harvard University Press, 1996), 77.
5. 這段及其下面的引述是取自Robert M. Sapolsky, Behave: The Biology of Humans at Our Best and Worst (New York: Penguin Press, 2017), 371.
6. Joseph Grenny, Kerry Patterson, David Maxfield, Ron McMillan, and Al Switzler, Influencer: The New Science of Leading Change, 2nd ed. (New York: McGraw-Hill, 2013), 271.

7. R.E. Kraut, S.R. Fussell, S.E. Brennan, and J. Siegel, "Understanding Effects of Proximity on Collaboration: Implications for Technologies to Support Remote Collaborative Work," in Pamela J. Hinds and Sara Kiesler (eds.), Distributed Work (Cambridge: MIT Press), 137-162.
8. Keith Ferrazzi, Who's Got Your Back: The Breakthrough Program to Build Deep, Trusting Relationships That Create Success—And Won't Let You Fail (New York: Crown Business, 2009), 41.
9. Clive Thompson, "Brave New World of Digital Intimacy," New York Times Magazine, September 5, 2008, https://www.nytimes.com/2008/09/07/magazine/07awareness-t.html.
10. Duncan J. Watts and Steven H. Strogatz, "Collective Dynamics of 'Small-World5 Networks," Nature 393, no. 4 (June 1998): 440-442.
11. Brian Uzzi and Shannon Dunlap, "How to Build Your Network," Harvard Business Review, December 2005, http://hbr.org/2005/12/how-to- build-your-network/ar/1.

Part2 ④ 大方分享

1. Meredith P. Crawford, "The Cooperative Solving of Problems by Young Chimpanzees,"

Comparative Psychology Monographs 14 (1937): 1-88.

2. Robert L. Trivers, "The Evolution of Reciprocal Altruism," The Quarterly Review of Biology 46, no. 1 (March 1971): 35-57.

3. Frans B.M. de Waal, Kristin Leimgruber, and Amanda R. Greenberg, "Giving Is Self-Rewarding for Monkeys," Proceedings of the National Academy of Sciences 105, no. 36 (September 2008): 13685-13689.

4. Adam Grant, Give and Take: A Revolutionary Approach to Success (New York: Penguin Books, 2014), 157.

5. Dale Carnegie, How to Win Friends.

6. Fred Wilson, "Writing It Down," AVC, September 19, 2013, https://avc.com/2013/09/writing-it-down.

7. Fred Wilson, "The Academy for Software Engineering," AVC, January 13, 2012, http://avc.com/2012/01/the-academy-for-software-engineering.

8. Reid Hoffman, "Connections with Integrity," Strategy+Business 67 (May 29, 2012), http://www.strategy-business.com/article/00104.

9. Keith Ferrazzi with Tahl Raz, Never Eat Alone: And Other Secrets to Success, One Relationship at a Time (New York: Crown Business, 2005), 21.

Part2 ⑤ 工作能見度

1. Susan Cain, "The Power of Introverts," TED talk, February 2012, https://www.ted.com/talks/susan_cain_the_power_of_introverts.
2. 取自Penguin Random House的《Quiet》讀者指南：https://www.penguinrandomhouse.com/books/22821/quiet-by-susan-cain/9780307452207/readers-guide.
3. Andrew McAfee, "Do's and Don'ts for Your Work's Social Platforms," Harvard Business Review, September 28, 2010, https://hbr.org/2010/09/dos-and-donts-for-your-works-s.
4. Dave Winer, "Narrate Your Work," Scripting.com, August 9, 2009, http://scripting.com/stories/2009/08/09/narrateYourWork.html.
5. Brian Tullis, "Observable Work: The Taming of the Flow," June 25, 2010, Nextthingsnext.com, http://nextthingsnext.blogspot.com/2010/06/observable- work-taming-of-flow.html.
6. Bryce Williams, "When Will We Work Out Loud?"

7. 第一個與第二個統計數據是取自James Manyika, Michael Chui, and Hugo Sarrazin, "Social Media's Productivity Payoff," McKinsey Global Institute, August 21, 2012, https://www.mckinsey.com/mgi/overview/in-the- news/social-media-productivity-payoff. 第三個統計數據是取自Karen Renaud, Judith Ramsay, and Mario Hair, "'You've Got E-Mail!'... Shall I Deal with It Now? Electronic Mail from the Recipient's Perspective," International Journal of Human-Computer Interaction 21, no. 3 (2006): 313-332.
8. Bill French, "Email Is Where Knowledge Goes to Die," February 28, 2011, iPadcTO.com, http://ipadcto.com/2011/02/28/email-is-where-knowledge- goes-to-die.
9. Buurtzorg, "The Buurtzorg Model," https://www.buurtzorg.com/about- us/buurtzorgmodel.
10. Buurtzorg, "About Us," https://www.buurtzorg.com/about-us.
11. KPMG, "Value Walks: Successful Habits for Improving Workforce Motivation and Productivity in Healthcare," May 2016, https://assets.kpmg/content/dam/kpmg/pdf/2016/05/value-walks.pdf.
12. Frederic Laloux, Reinventing Organizations: A Guide to Creating Organizations Inspired by the Next Stage of Human Consciousness (Brussels: Nelson Parker, 2014), 80.
13. 那個協作平台是以Jive軟體為基礎，你可以從以下的網址取得更多資訊：https://www.

jivesoftware.com.
14. 關於瑪麗，更多資訊請見：https://marikotskyy.com. 你可以在iTunes上看到她的專輯https://music.apple.com/us/album/rest/1389130759。RMN Class cal 選輯是在：https://rmnmusic.com/call-for-piano-works-2019.

Part2 ⑥ 成長心態

1. Claudia M. Mueller and Carol S. Dweck, "Praise for Intelligence Can Undermine Children5s Motivation and Performance," Journal of Personality and Social Psychology 75, no. 1 (1998): 33-52.
2. Albert Bandura, Edward B. Blanchard, and Brunhilde Ritter, "Relative Efficacy of Desensitization and Modeling Approaches for Inducing Behavioral, Affective, and Attitudinal Changes," Journal of Personality and Social Psychology 13, no. 3 (1969): 173-199.
3. Albert Bandura, "Self-Efficacy," in V.S. Ramachandran (ed.), Encyclopedia of Human Behavior 4 (New York: Academic Press, 1994), 71-81.
4. 關於可汗學院的使命，請見：https://www.khanacademy.org/about.

5. Salman Khan, "Let's Use Video to Reinvent Education," TED talk, March 2011, http://www.ted.com/talks/salman_khan_let_s_use_video_to_reinvent_education.

6. Jocelyn K. Glei, ed., Maximize Your Potential: Grow Your Expertise, Take Bold Risks & Build an Incredible Career (Las Vegas: Amazon Publishing, 2013), 79.

7. 同前, 81.

8. Albert Bandura, "Cultivate Self-Efficacy for Personal and Organizational Effectiveness," in Edwin A. Locke (ed.), Handbook of Principles of Organization Behavior (Oxford: Blackwell, 2000), 120-136.

9. Seth Godin, "The Tragedy of Small Expectations," Seth's Blog, June 24, 2015, https://seths.blog/2015/06/the-tragedy-of-small-expectations.

Part3 ① 十二週養成新技能、新習慣、新思維

1. 讀完本書後，可以考慮加入ＷＯＬ圈。ＷＯＬ圈的架構、相互問責、同儕支持可以讓ＷＯＬ的實踐變得更容易。詳情請見：https://workingoutloud.com.

Part3 ② 務實目標及第一份人脈清單

1. 我遇過這種肯定現象的極端例子，所以把它寫下來了：https://workingoutloud.com/blog/why-is-italo-calvino-stalking-me.

Part3 ③ 第一個貢獻

1. Scott Berkun, "#49-How to Make a Difference," ScottBerkun.com, October 2008, http://scottberkun.com/essays/49-how-to-make-a-difference.
2. Guy Kawasaki, Enchantment: The Art of Changing Hearts, Minds, and Actions (New York: Penguin/Portfolio, 2011), 102.
3. Reid Hoffman, "Connections."

Part3 ④ 邁出三小步

1. George S. Clason, The Richest Man in Babylon (New York: Signet 2002), 3.
2. Daniel Coyle, The Culture Code: The Secrets of Highly Successful Groups (New York: Bantam,

2018), 10.

3. Julia Rozovsky, "The Five Keys to a Successful Google Team," Re:Work, November 17, 2015, https://rework.withgoogle.com/blog/five-keys-to-a- successful-google-team.

4. Professional Learning Board, "What Is the SLANT Strategy and How Does It Improve Student Achievement?", https://k12teacherstaffdevelopment.com/tlb/what-is-the-slant-strategy-and-how-does-it-improve-student-achievement.

5. Sally Andrews, David A. Ellis, Heather Shaw, Lukasz Piwek, "Beyond Self-Report: Tools to Compare Estimated and Real-World Smartphone Use," PLOS One, October 28, 2015, https://journals.plos.org/plosone/article? id=10.1371/journal.pone.0139004.

Part3

⑤ 如何接近他人

1. Seth Godin, "The Sound of Confidence," Seth's Blog, November 23, 2013, https://seths.blog/2013/11/the-sound-of-confidence.

2. Dale Carnegie, How to Win Friends.

Part3 ⑥ 以貢獻來深化人脈關係

1. Barbara Schmidt, "A Whole New World," blog post, February 8, 2014, http://schmidtbarbara.wordpress.com/2014/02/08/a-whole-new-world.
2. Barbara Schmidt, "My Work Out Loud (WOL) Journey," blog post, July 7, 2014, http://schmidtbarbara.wordpress.com/2014/07/07/my-work-out-loud-WOL-journey.

Part3 ⑦ 更大的目的

1. Tony Grant and Jane Greene, Coach Yourself: Make Real Change in Your Life (New York: Basic Books, 2003), 17.
2. 你可以在下面的網址中讀到貝娜黛特的歷程：https://bernifox.com.

Part3 ⑧ 啟動美好大事

1. Leo Buscaglia, Papa, My Father: A Celebration of Dads (New York: Slack, 1989), 42.
2. Gregory Heyworth, "How I'm Discovering the Secrets of Ancient Texts," TED talk, October 2015, http://www.ted.com/talks/gregory_heyworth_how_i_m_discovering_the_secrets_of_ancient_

texts/transcript.

3. 這段與下一段引述是取自David Griffin的部落格文章〈Once Upon a Time〉, January 30, 2013, http://tellinstoriesblog.wordpress.com/2013/01/30/once-upon-a-time.

Part3

⑨ 嘗試與改進

1. Douglas Quenqua, "Blogs Falling in an Empty Forest," New York Times, June 5, 2009, http://www.nytimes.com/2009/06/07/fashion/07blogs.html.
2. Jane Bozarth, Show Your Work: The Payoffs and How-To's of Working Out Loud (San Francisco: Wiley, 2014), 62.
3. 妮可拉的造型顧問事業：http://www.harrison-style.com.
4. 齊默曼的教學網站：http://www.alyciazimmerman.com.
5. 齊默曼的Scholastic文章及資源：https://www.scholastic.com/teachers/contributors/bloggers/alycia-zimmerman.
6. Peter Drucker, "How to Be an Employee," Fortune, May 1952.
7. 你可以在YouTube上觀賞這段二〇一〇年一月二十一日的彼得斯訪談，名叫〈Brand

You Thoughts from Tom Peters: Work on Your Writing〉: https://www.youtube.com/watch?v=EEHLHdoPfWA.

8. Fred Wilson, "Writing," AVC, November 22, 2011, http://www.avc.com/avc/20n/11/writing.html.

9. Nicola Harrison, Montauk: A Novel (New York: St. Martin's Press, 2019), back cover copy.

Part3 ⑩ 事與願違時

1. Tim Grahl, Your First 1000 Copies: The Step-by-Step Guide to Marketing Your Book (Lynchburg: Out:think Group, 2013), 84.

2. Amanda Palmer, The Art of Asking: How I Learned to Stop Worrying and Let People Help (New York: Hachette Book Group, 2014), 48.

3. Grahl, Your First 1000 Copies.

4. Seth Godin, "The Humility of the Artist," Seth's Blog, January 19, 2014, https://seths.blog/2014/01/the-humility-of-the-artist.

5. Seth Godin, "I Don't Like Your Work," Seth's Blog, March 2, 2019, https://seths.blog/2019/03/

i-dont-like-your-work.

6. Dita Von Teese的推文，她的帳號是@ditavonteese。你可以在二〇一〇年九月六日的發文中看到這則內容：https://twitter.com/ditavonteese/status/23210190813.

7. PRI Public Radio International, "Ira Glass on Storytelling 3," YouTube video, July 11, 2009, https://www.youtube.com/watch?v=zX2wLP0izeJE.

Part3 ⑪ 養成習慣

1. Daniel Kahneman, Thinking, Fast and Slow (New York: Farrar, Straus and Giroux, 2013), 35.

2. 關於我的習慣，詳情請見：https://workingoutloud.com/resources-for-week-8-make-it-a-habit.

3. Charles Duhigg, The Power of Habit: Why We Do What We Do in Life and Business (New York: Random House, 2012), 76.

4. Karen Pryor, Don't Shoot the Dog: The New Art of Teaching and Training (New York: Bantam, 1999), xii.

Part3

⑫ 想像可能性

1. Kevin Kruse, "What Is Leadership?" Forbes, April 9, 2013, https://www.forbes.com/sites/kevinkruse/2013/04/09/what-is-leadership.
2. 原始的影片是由Dkellerm於二〇〇九年五月二十六日上傳：https://www.youtube.com/watch7vzGA8z7f7a2Pk. Derek Sivers在二〇一〇年二月的TED演講〈How to Start a Movement〉中提到這支影片，使它開始熱門起來：http://www.ted.com/talks/derek_sivers_how_to_start_a_movement.
3. 你可以看到雅莉詩及其家人於二〇〇四年六月上《今日秀》的影片：http://www.today.com/video/today/5136668#5136668.
4. Alex's Lemonade Stand Foundation, "Why We're Different," https://www.alexslemonade.org/about/different.
5. Brooke Lefferts, "How One Girl's Lemonade Stand Has Raised $80 Million and Changed Lives," Today, June 6, 2014, https://www.today.com/health/how-one-girls-lemonade-stand-has-raised-80-million-changed-2D79767939.
6. Alex's Lemonade Stand Foundation, "Where the Money Goes," https://www.alexslemonade.org/

where-money-goes.

7. You can find KEA, which has a mission of "Kiwis Helping Kiwis," at https://www.keanewzealand.com.

8. Daniella Cunha Teichert, "My Personal WOL Moment: Getting Interest of Primary School Children in STEM-Related Subjects," LinkedIn post, October 2017, https://www.linkedin.com/pulse/my-personal-WOL-moment-getting- interest-primary-cunha-teichert.

9. Seth Godin, "The Tribes We Lead," TED talk, February 2009, ted.com/talks/seth_godin_on_the_tribes_we_lead.html.

10. Anne-Marie Imafidon, "The Case for Women Leadership in Technology and Beyond—My Month on the East Coast," blog post, October 31, 2012, http://aimafidon.com/2012/10/31/the-case-for-women-leadership-in-technology-and-beyond-my-month-on-the-east-coast.

11. 這段及下面兩句Anne-Marie Imafidon的引述是取自部落格貼文〈For 2013: 3 New Year's Resolutions I Won't Have and 1 New Year's Objective I Do Have〉, December 31, 2012, https://aimafidon.com/for-2013-3-new-years-resolutions-i-wont-have-and-1-new-years-objective-i-do-have.

Part3 ⑬ 改變企業文化

1. 關於博世獲得XING新工作獎，詳情請見：https://newworkaward.xing.com/nominee/wol-co-creation-team-bosch.
2. Bosch, "Working Out Loud at Bosch," press release, February 1, 2018, https://www.bosch-presse.de/pressportal/de/en/working-out-loud-at-bosch-137280.html.
3. 例如，卡特琳娜在〈How We Organize Working Out Loud at Bosch〉中描述她傳播ＷＯＬ的方法，包括幾個實用的作法與調查結果。你可以在LinkedIn上找到這篇二〇一五年六月十五日的文章：https://www.linkedin.com/pulse/working-out-loud-bosch-katharina-krentz.
4. 他們獲得ＨＲ卓越獎的標題是：〈Working Out Loud: Self-Organized, Cross-Company "Working Out Loud" Community of Practice〉。當時社群裡有八家公司：Audi、BMW、Bosch、Continental、Daimler、Deutsche Bank、Telekom、Siemens，後來又加入ZF與DHL。他們二〇一七年的得獎資訊：https://www.hr-excellence-awards.de/gewinner-2017，得獎者在推特上的照片：https://twitter.com/iZmoments/935249514142863361，在LinkedIn上的資訊：https://www.linkedin.com/feed/update/urn:li:activity:6340092528523563008.
5. Daimler, "DigitalLife@Daimler:Transformation of the Working World: Daimler and Bosch Hold

the First Inter-Company 'Working Out Loud' Conference," press release, October 31, 2018, https://media.daimler.com/marsMediaSite/en/instance/ko/DigitalLifeaDaimlei-transformation-of-the-working-world-Daimler-and-Bosch-hold-the-first-inter-company-Working-Out-Loud-conference.xhtml?oid=41686666.

6. Damon Centola, Joshua Becker, Devon Brackbill, and Andrea Baronchelli, "Experimental Evidence for Tipping Points in Social Convention," Science 360, no. 6393 (June 8, 2018): 1116-1119, https://science.sciencemag.org/content/360/6393/ni6.

7. Kevin Kruse, "What Is Leadership?

8. 你可以在Vimeo上看到賴瑞的演講：https://vimeo.com/267489708，他的文章：https://glickmanonline.com/2018/05/25/ignite-out-loud.

9. Connie Wu, "WOL Week."

Part3 ⑭ 找到人生意義

1. Dan Buettner, "How to Live to Be 100+," TEDX talk, September 2009, http://www.ted.com/talks/dan_buettner_how_to_live_to_be_100.

2. 鈴木俊隆一九六七年四月十三日演講的翻譯版：http://suzukiroshi.sfzc.org/dharma-talks/april-13th-1967.

3. 想了解我的瑜珈老師Mindy Bacharach的更多智慧，請見其網站：http://mindybacharach.com.

延伸閱讀

我很愛看書。打開封面並翻到第一頁時，總是給我一種期待感。想到自己即將沉浸在一個充滿想法與洞見的新世界裡，就滿心期待。一本好書可以讓人變得更好。

以下是我推薦的一些書籍，它們多多少少與WOL有關。想了解我讀過的完整書單，可以上goodreads.com搜尋我的名字，並加我為讀友。

世界觀

如果你只想從這份書單裡挑選兩本書，那就挑下面這兩本吧！雖然我一直覺得我是正面積極的人，但這些書解放了我，讓我變得更快樂，更開放地接納他人的美好：

《*The Art of Possibility: Transforming Professional and Personal Life*》，Rosamund Stone Zander與Benjamin Zander合著。（中文版《A級人生》，經濟新潮社出版）

《*Are You Ready to Succeed? Unconventional Strategies to Achieving Personal Mastery in Business and Life*》，Srikumar Rao著。

學習基本技巧新方法

在這三本書的幫助及大量練習下，我改善了寫作與演講的基本技巧。我相信任何人都可以做到：

《*On Writing Well: The Classic Guide to Writing Nonfiction*》，William Zinsser著。（中文版《非虛構寫作指南》，臉譜出版）

《*Presentation Zen: Simple Ideas on Presentation Design and Delivery*》，Garr Reynolds著。（中文版《Presentationzen簡報禪》，悅知文化出版）

《*Resonate: Present Visual Stories That Transform Audiences*》，Nancy Duarte著。（中文版《簡報女王的故事力！》，商業周刊出版）

培養人際關係

這些書讓我更深入思考，人們在人際關係中需要什麼及想要什麼，以及如何改善我們與他人的日常溝通：

《*How to Win Friends and Influence People*》，Dale Carnegie著。（中文版《卡內基溝通與人際關係》，龍齡出版）

《*Never Eat Alone: And Other Secrets to Success, One Relationship at a Time*》，Keith Ferrazzi與Tahl Raz合著（中文版《別自個兒用餐》，天下雜誌出版）

《*Who's Got Your Back: The Breakthrough Program to Build Deep, Trusting Relationships That Create Success-And Won't Let You Fail*》，Keith Ferrazzi著（中文版《誰在背後挺你》，天下文化出版）

《*Nonviolent Communication: A Language of Life*》，Marshall B. Rosenberg著。

個人生產力與創意

這幾本書比較精簡，淺顯易懂，也讓我對於如何創造卓越作品及提高作品能見度有了新的看法：

《*Manage Your Day-to-Day: Build Your Routine, Find Your Focus, and Sharpen Your Creative Mind*》，Jocelyn K. Glei編輯。（中文版《管理你的每一天》，圓神出版）

《*Maximize Your Potential: Grow Your Expertise, Take Bold Risks & Build an Incredible Career*》，Jocelyn K. Glei編輯。（中文版《管理你的每個潛能》，圓神出版）

《*Steal Like an Artist: 10 Things Nobody Told You About Being Creative*》，Austin Kleon著。（中文版《點子都是偷來的》，遠流出版）

《*Show Your Work! 10 Ways to Share Your Creativity and Get Discovered*》，Austin Kleon著。（中文版《點子就要秀出來》，遠流出版）

《*Show Your Work: The Payoffs and How-To's of Working Out Loud*》，Jane Bozarth著。

為什麼我們會這樣做？又要如何改變？

更了解大腦的運作方式，或許是最強大的知識。這些書幫我了解什麼事情有激勵效果以及如何改變習慣。他們也帶給我力量，讓我主動去塑造未來，而不是看著未來在我眼前逕自發展：

《*Thinking, Fast and Slow*》，Daniel Kahneman著。（中文版《快思慢想》，天下文化出版）

《*Your Brain at Work: Strategies for Overcoming Distraction, Regaining Focus, and Working Smarter All Day Long*》，David Rock著。

《*Self-Esteem: A Proven Program of Cognitive Techniques for Assessing, Improving and Maintaining Your Self-Esteem*》，Matthew McKay與Patrick Fanning合著。（中文版《自尊心的改造訓練》，世茂出版）

《*Mindsight: The New Science of Personal Transformation*》，Daniel J. Siegel著。（中文版《第七感》，時報出版）

《*Flow: The Psychology of Optimal Experience*》，Mihaly Csikszentmihalyi著。（中文版《心流》，行路出版）

《*Drive: The Surprising Truth About What Motivates Us*》，Daniel H. Pink著。（中文版《動機，單純的力量》，大塊文化出版）

《*The Willpower Instinct: How Self-Control Works, Why It Matters, and What You Can Do to Get More of It*》，Kelly McGonigal著。（中文版《輕鬆駕馭意志力》，先覺出版）

《*Behave: The Biology of Humans at Our Best and Worst*》，Robert M. Sapolsky著。（中文版《行為》，八旗出版）

工作與管理

這幾本關於工作與職場的書帶給我希望，讓我知道我們可以與每個人更和諧地共事。每本書都提供很人性化的方式，幫我們實現更多個人與集體的潛力：

《*Everybody Matters: The Extraordinary Power of Caring for Your People Like Family*》，Bob Chapman與Raj Sisodia合著。（中文版《每個員工都重要》，晨星出版）

《*The Culture Code: The Secrets of Highly Successful Groups*》，Daniel Coyle著。（中文版

《高效團隊默默在做的三件事》，先覺出版）

《*Working: People Talk About What They Do All Day and How They Feel About What They Do*》，Studs Terkel著。

《*Work Rules! Insights from Inside Google That Will Transform How You Live and Lead*》，Laszlo Bock著。

《*Creativity, Inc.: Overcoming the Unseen Forces That Stand in the Way of True Inspiration*》，Ed Catmull與Amy Wallace合著。（中文版《創意電力公司》，遠流出版）

《*Reinventing Organizations: A Guide to Creating Organi-zations Inspired by the Next Stage of Human Consciousness*》，Frederic Laloux著（中文版《重塑組織》，水月管理顧問公司出版）

驅動更大規模的改變

無論你想改變你的公司、改變你的社群、還是改變世界，這些書所提供的方法、架構、實例都可以激勵你，提高你的成效：

《*The Lean Startup: How Today's Entrepreneurs Use Continuous Innovation to Create*

Radically Successful Businesses》，Eric Ries著。（中文版《精實創業》，行人出版）

《*Influencer: The Power to Change Anything, by Kerry Patterson*》，Joseph Grenny、David Maxfield、Ron McMillan、Al Switzler合著。（中文版《掌握影響力》，麥格羅希爾出版）

《*The Dragonfly Effect: Quick, Effective, and Powerful Ways to Use Social Media to Drive Social Change*》，Jennifer Aaker、Andy Smith、Carlye Adler合著。（中文版《蜻蜓效應》，經濟日報出版）

《*Switch: How to Change Things When Change Is Hard*》。Chip Heath與Dan Heath合著。（中文版《學會改變》，樂金出版）

《*Linchpin: Are You Indispensable?*》，Seth Godin著。（中文版《夠關鍵，公司就不能沒有你》，李茲文化出版）

《*Mountains Beyond Mountains: The Quest of Dr. Paul Farmer, a Man Who Would Cure the World*》，Tracy Kidder著。（中文版《愛無國界》，天下文化出版）

《*The Blue Sweater: Bridging the Gap Between Rich and Poor in an Interconnected World*》，Jacqueline Novogratz著。

《*Whatever It Takes: Geoffrey Canada's Quest to Change Harlem and America*》，Paul

Tough著。

追尋快樂

以下這份多元書單所收錄的見解讓我看到我給自己設下的限制，如何導致自己不快樂，也教我如何改變：

《*Designing Your Life: How to Build a Well-Lived, Joyful Life*》，Bill Burnett與Dave Evans合著。（中文版《做自己的生命設計師》，大塊文化出版）

《*Steering by Starlight: The Science and Magic of Finding Your Destiny*》，Martha Beck著。

《*The Happiness Project: Or, Why I Spent a Year Trying to Sing in the Morning, Clean My Closets, Fight Right, Read Aristotle, and Generally Have More Fun*》，Gretchen Rubin著。（中文版《過得還不錯的一年》，早安今天出版）

《*Be Free Where You Are*》，Thich Nhat Hanh著。（中文版《會心》，天下雜誌出版）

《*Peace Is Every Step: The Path of Mindfulness in Everyday Life*》，Thich Nhat Hanh著。（中文版《橘子禪》，橡實文化出版）

《*Zen Mind, Beginner's Mind: Informal Talks on Zen Meditation and Practice*》，Shunryu

Suzuki著。（中文版《禪者的初心》，橡樹林出版）

《*Taking the Leap: Freeing Ourselves from Old Habits and Fears*》，Pema Chodron著。（中文版《不被情緒綁架》，心靈工坊出版）

《*A New Earth: Awakening to Your Life's Purpose*》，Eckhart Tolle著。（中文版《一個新世界》，方智出版）

《*Into the Magic Shop: A Neurosurgeon's Quest to Discover the Mysteries of the Brain and the Secrets of the Heart*》，James R. Doty著。（中文版《你的心，是最強大的魔法》，平安文化出版）

WOL 大聲工作法

最新透明工作術，開放個人經驗，創造共享連結的 12 週行動指南

Working Out Loud: A 12-Week Method to Build New Connections, a Better Career, and a More Fulfilling Life

作　　者　約翰・史德普 John Stepper
譯　　者　洪慧芳
特約編輯　洪芷霆
內頁排版　陳姿秀
封面設計　許紘維
行銷統籌　駱漢琦
行銷企劃　劉育秀・林瑀
業務發行　邱紹溢
責任編輯　賴靜儀
總 編 輯　李亞南
發 行 人　蘇拾平
出　　版　漫遊者文化事業股份有限公司
地　　址　台北市105松山區復興北路331號4樓
電　　話　(02)2715-2022
傳　　真　(02)2715-2021
服務信箱　service@azothbooks.com
營運統籌　大雁文化事業股份有限公司
地　　址　台北市105松山區復興北路333號11樓之4
劃撥帳號　50022001
戶　　名　漫遊者文化事業股份有限公司
初版一刷　2020年11月
定　　價　台幣450元

I S B N　978-986-489-409-3

國家圖書館出版品預行編目 (CIP) 資料

WOL 大聲工作法：最新透明工作術，開放個人經驗，創造共享連結的12 週行動指南 / 約翰. 史德普(John Stepper) 著；洪慧芳譯. -- 初版. -- 臺北市：漫遊者文化, 2020.11
384 面；14.8×21 公分
譯自：Working out loud : a 12-week method to build new connections,a better career,and a more fulfilling life.
ISBN 978-986-489-409-3（平裝）
1. 職場成功法　2. 生涯規劃　3. 人際關係
494.35　　109016006

前言

「WOL大聲工作法」（Working Out Loud）是風行全球、備受各界肯定的個人與專業轉變方式，它指引你設定目標及培養人脈以實現目標（無論是克服某項困難、完成挑戰或是學習新技能）。WOL強調大方與連結，它教你如何接觸及吸引人參與，如何嘗試及因應挫折，如何提升個人及工作的能見度。

隨身本可以搭配《WOL大聲工作法》本書使用。所有練習題皆來自本書【Part 2五個WOL要素】及【Part 3你專屬的WOL引導式精熟法】，以協助你了解並實踐WOL的五大要素：有意義的探索、人脈關係、大方分享、工作能見度、成長心態。

接下來12週的WOL練習，以「引導式精熟法」來說明：你針對你想改進的事情，去接觸一位示範那件事情的專家。你逐步展現你做的東西，並獲得意見回饋，你以自己的步調慢慢進步。與此同時，你也強化了自我效能感。經過這樣的練習流程，未來你會更有信心去嘗試其他目標，也讓你有能力以適合自己的方式改善職涯與生活。

 習題出現此符號表示上網練習。

目錄

1｜WOL工作法的演變

參閱《WOL大聲工作法》P.48

精選重點

- WOL作為一種思維方式，包含五個要素：有意義的探索、人脈關係、大方分享、工作能見度、成長心態。
- 這五種要素彼此相關，人們通常因態度與能力不同，而強調不同的要素。這些要素結合起來，創造出一種開放、大方、相連的工作與生活方式。
- WOL圈是一種夥伴互助方式，成員彼此幫忙落實五個要素以建立人脈圈，親身體驗效益。

一分鐘習題

本書第一部分提到，一項研究顯示，即使是職業相同的人，他們把職業視為一份工作、職涯、志業的人數差不多。你怎麼看待你的職業呢？為什麼？

寫下你的想法：________________________________

____

____

____

五分鐘習題

你如何找到現在的工作？這個賴以謀生的工作是你有意義地探索多種選擇之後，仔細挑選的嗎？還是，你只是在玩職涯輪盤賭，聽天由命，希望能矇到一個好職位呢？

寫下你的答案：________________________________

____

____

____

2 | WOL要素①有意義的探索

➲ 參閱《WOL大聲工作法》P.57

精選重點

- 有意義的探索是一種目標導向的探索，它可以引導你的決策，促成更好的機會。
- 與其豁出去冒很大的風險、朝固定的目標邁進，你應該嘗試一些小實驗或原型，以進一步了解潛在的新工作或方向，並發現其他的可能。
- 最簡單、最容易的原型形式是對話。誰已經在做你想做的事情了？他們的經驗中最好與最壞的部分是什麼？你能從他們的身上學到什麼？
- 對於你與職涯來說，可以把有意義的探索視為精實創業。就像新創企業一樣，最初的目標會引導你的行動方向。當你得到意見回饋與學習時，可以跟著調整目標。

一分鐘習題

什麼東西可以激發你的興趣與好奇心？你對學習什麼東西感興趣？列個清單，在一分鐘內想到多少就寫多少。這些可以作為有意義探索的基礎，也可以成為你在第一週（P.10）挑選目標的靈感來源。

五分鐘習題

如果你沒有推特（Twitter）*帳號，現在就先去開一個陽春帳號，頭像或其他的細節可以等以後再補齊。

如果你已經有推特*帳號，花幾分鐘看你關注哪些帳號，那些關注有意義嗎？可以幫你發現與學習嗎？

如果你不喜歡推特*，可以考慮開一個帳號做實驗，你不見得要經營那個帳號。即使你從來不發推文，有一個帳號就可以認識更多的人，與他們互動。當你做有意義的探索時，那是實用的資產。

* 作者身處美加地區，故以推特為例，本書可以替換其他本地風行的線上社群，例如：Facebook、Instagram、微博、微信等等。

3｜WOL要素②人脈關係

➲ 參閱《WOL大聲工作法》P.72

精選重點

- 人脈塑造了你是誰，也塑造了你可以變成什麼樣的人。發展得宜的話，它會幫你獲得知識、專業、影響力。
- 大方、示弱、坦率、問責和親近是深化人際關係的行為基礎，它們把人脈從一種感覺不太真實的東西，轉變成一種令人感到充實的東西。
- 好的人脈包括信任你的強連結所組成的小組（你們可以彼此交換寶貴資訊），也包括你與迥異的人所建立的弱連結（他們擁有你與強連結所沒有的資訊與門路）。

一分鐘習題

想想你的人脈圈裡有哪些人。如果你感覺你與其中一些人有相連感，那種感覺是如何培養的？根據你的經驗，你覺得那種相連感可以促成更多的信任、資訊交換與合作嗎？

五分鐘習題

在LinkedIn上建一個基本的檔案（就像你開推特或社群帳號一樣，你可以先建帳號，稍後再補上頭像與其他細節）。

如果你已經有LinkedIn的個人檔案了，現在去看一下，那些資訊過時了嗎？那是你搜尋其他人時，會想要看到的個人檔案嗎？

如果你不喜歡使用Linkedln，你可以把它想成一張簡單的線上名片，亦即多數人都有、也預期其他人都有的東西。

4｜WOL要素③大方分享

參閱《WOL大聲工作法》P.86

精選重點

- 自利與利他是完全獨立的動機：你可以同時兼顧兩者。
- 這種作法看似有悖直覺，但你的心態愈利他，從人際關係中獲得的效益就會愈多。

一分鐘習題

在推特或LinkedIn發布：「閱讀@johnstepper寫的《WOL大聲工作法》。」

這就是給予關注的一個例子（非常感謝！）。如果你以@的方式提到我，我會收到通知並回應，同時讓你看到這短短幾個字就能創造出原本不可能的連結。

五分鐘習題

在推特或LinkedIn（或其他線上社群）上公開感謝別人做的事情。

公開的迴響可以讓大家知道，某人做了值得你感謝的事情。你這樣做不是為了獲得回應，而是因為這是一件好事。如果有人真的回應了，那是額外的驚喜。

5｜WOL要素④工作能見度

➔ 參閱《WOL大聲工作法》P.97

精選重點

- 提高工作能見度可以幫你建立更多的連結，改善工作品質，變得更有效率，更喜歡工作。
- 人們展現工作時，有些人是展現成品，有些人是描述工作進度。例如：「我是這樣做的」、「這就是我做的與為什麼」、「這是我學到的，可能也對你有幫助」。
- 社交工具是一種方法，而不是目的。你不是非得使用社交工具不可，但是在網路上分享可以擴大你是誰及你做什麼，擴展你的影響範圍，擴大你分享的內容及分享方式。
- WOL不是為了大聲宣傳或自吹自擂，你只是想貢獻一點自己的東西作為贈禮，是為了助人，不期待掌聲。

一分鐘習題

想像某人在一場會議或活動上遇到你，然後上網搜尋你，以尋找你的聯絡資訊或想進一步了解你這個人。你想讓他找到什麼？

無論你當下在哪裡，用你的手機或你最喜歡的上網裝置來搜尋你自己。你所看到的搜尋結果，是你希望別人看到的嗎？你有多少最好的作品是大家看得見的？

五分鐘習題

幾年前我上網搜尋自己的名字John Stepper，失望地看到只有一篇舊文談到我以前做的事情，以及一些運動用的踏步機（stepper）。現在搜尋我的名字，可以看到我自豪的工作成果。

上網搜尋你覺得特別有趣的人──那些你欣賞其工作的人，而不是名人。他們在網路上的形象是什麼樣子？要找到他們及他們的工作很容易嗎？試著寫下你的觀察：

6 | WOL要素⑤成長心態

參閱《WOL大聲工作法》P.117

精選重點

- 專注變得更好，而不是只追求優秀。研究顯示，強調進步而不是績效，可以顯著提升效果與信心。
- 無論你是想要克服恐懼，還是學習三角函數，為某個目標依循「引導式精熟法」的流程，會讓你更有信心去嘗試其他目標。
- 下次你又在想「我就是不擅長這件事」時，切記：你只是還不擅長而已。

一分鐘習題

想想你最近讀了什麼東西有助於你學習某件事，請舉三個例子。現在上Twitter或社群帳號搜尋誰寫過那些事情，然後追蹤他們的帳號。

寫下三個例子：

五分鐘習題

訂閱至少一個部落格。上workingoutloud.com/blog，輸入你的電郵信箱，每週都會收到與WOL相關的文章。或者搜尋啟發你或與你的目標和興趣有關的部落格。

7｜十二週內養成新技能、新習慣、新思維

參閱《WOL大聲工作法》P.132

精選重點

- 人類先天就抗拒改變。即使那些長遠看來有利的改變，也令人抗拒。
- 從朝著目標邁出很小又簡單的第一步開始，讓自己先動起來。
- 為了進一步幫你迴避改變的阻力，你可以把整個流程重新定義為一個學習目標。專注追求更好，而不是追求優秀。

一分鐘習題

回想一下你努力養成的好習慣，例如：使用牙線、彈鋼琴、經常運動。想想你達成目標及沒達成目標的時候，兩者有什麼差別？

寫下自己的好習慣：________________________________

____

____

寫下目標達標及未達標的差別 ________________________________

____

____

五分鐘習題

同伴的支持可以幫你度過改變過程中的起起落落。想想你認識的人中，誰能在你落實「引導式精熟法」的過程中提供你正面、客觀的支持。例如：那可能是你樂於分享本書概念的對象。寫下他們的名字。

____

____

____

第一週｜務實目標及第一份人脈清單

➔ 參閱《WOL大聲工作法》P.139

本週重點

- **我想完成什麼？**目標通常跟學習與探索有關。你應該選擇你在乎又具體，而且十二週內可看到進展的事情。
- **誰能幫我實現目標？**一開始先想想誰做過類似的事情、誰曾是你學習的對象、誰的興趣或角色與你有關，誰寫過或演講過與你的目標有關的內容。
- 寫下目標並列出相關人士後，你已經調整注意力，使你能夠與那些與自己的目標相關、但以前從未見過的人或想法建立連結。

練習

1. 你為接下來十二週選擇的目標（五分鐘）

現在花點時間思考接下來十二週的目標，並寫下來。用一兩句話表達你的目標。

在接下來的十二週裡，我想：________________________________

____

____

如果挑選目標對你來說不容易，或者你不確定要寫什麼，那也沒關係。你現在選的目標沒有對錯之分。你在接下來的章節中會反思那個目標，可能會加以調整或改變。

2. 你的第一份人脈清單（十五分鐘）

把下面的練習所列出的清單想成初稿。在你進行「引導式精熟法」的過程中，隨著你探索與建立關係，你的清單會持續演變。

你可能會馬上想到一些名字，把他們寫下來。接著，啟動網路偵察，開始搜尋與你的目標有關的人。這時通常會出現的情況是，幾分鐘內，你就在網路上碰到之前沒意識到的人與想法，讓你驚呼：「啊哈！他們看起來很有意思！」

試著至少找十個人。

1. ____________________
2. ____________________
3. ____________________
4. ____________________
5. ____________________
6. ____________________
7. ____________________
8. ____________________
9. ____________________
10. ____________________
11. ____________________
12. ____________________
13. ____________________
14. ____________________
15. ____________________
16. ____________________
17. ____________________
18. ____________________
19. ____________________
20. ____________________

一分鐘習題

想想你選擇的目標，並在腦中停留幾秒，你感覺如何？如果反思目標讓你覺得有負擔或恐懼，而不是感到好奇與興趣，可以考慮換個目標。現在就做出選擇吧！

五分鐘習題

回顧你的人脈清單，試著再加上至少兩個名字。每次回顧那份清單，你都會進一步調整注意力，使你更容易朝著目標前進。

第二週｜第一個貢獻

➲ 參閱《WOL大聲工作法》P.153

本週重點

- 給予關注（例如在網上關注某人），可以讓一段關係從「他還不知道我的存在」變成「他可能見過我的名字」。
- 對於那些你認識的人，按下「關注」鈕或按讚是對他發出「我注意到你了」和「我關心你說的內容」的訊號。
- 真誠的感謝是一份簡單但強大的通用贈禮。那是每個人都能提供的東西，也是每個人都喜歡接受的東西。
- 如果你認為你景仰的人可能不重視你的肯定，想想伯肯所謂「微不足道的小事」的價值。「用讚美去煩他！」
- 謹記大方分享度測試。你做出貢獻時，心裡在想什麼？你期待什麼？意圖決定了送禮或收禮的感覺。

練習

1. 大方度測試（三分鐘）

這是一個簡單的測試，但我覺得自己需要經常拿出來做做看。我愈常練習，就愈明白它能如何應用在我每天與一輩子做的事情上。如果你像我一樣，練習的結果可能會讓你心生警惕。做這個練習時，你可以在腦中想像場景，也可以實際進行。測試如下：

為不認識的人開門並頂住，讓他輕鬆通過。你這樣做時，請注意你決定頂住門的那一刻在想什麼，注意你開門的方式，也注意對方的反應。現在開始想像。（你可能會想要閉著眼睛想像。）

如果對方感謝你，你有什麼感覺？如果對方不發一語地經過，連道謝也沒說，那會改變什麼嗎？

寫下你的感覺：＿＿＿＿＿＿＿＿＿＿＿＿＿＿＿＿＿＿

＿＿＿＿＿＿＿＿＿＿＿＿＿＿＿＿＿＿＿＿＿＿＿＿＿＿

＿＿＿＿＿＿＿＿＿＿＿＿＿＿＿＿＿＿＿＿＿＿＿＿＿＿

＿＿＿＿＿＿＿＿＿＿＿＿＿＿＿＿＿＿＿＿＿＿＿＿＿＿

2. 你的第一個貢獻（十分鐘）

你的第一個貢獻是給出每個人都能貢獻的東西：關注。你的第一步是上網（或公司的內部網路），搜尋你那份人脈清單上的每個人。尋找他們的網路足跡，例如：推特帳戶、部落格、內部網路的個人檔，或他們在網路上創作的內容。然後，按下「關注」鈕或按讚，是對他發出「我注意到你了」和「我關心你說的內容」的訊號。

現在更新你的人脈清單（或者在第一週所列的：「你的第一份人脈清單」中增列幾個人）。針對清單上的每個人，寫下你在哪裡找到他及關注他。（如果你在網上找不到某人，就寫「還沒找到」。）

1. ______________________________
2. ______________________________
3. ______________________________
4. ______________________________
5. ______________________________
6. ______________________________
7. ______________________________
8. ______________________________
9. ______________________________
10. ______________________________
11. ______________________________
12. ______________________________
13. ______________________________
14. ______________________________
15. ______________________________
16. ______________________________
17. ______________________________

3. 另一種普世通用的贈禮（十分鐘）

下一個你可以送給別人的通用贈禮是感謝或欣賞。想兩位因做了或說了某事而讓你想要感謝的人。那可以是最近發生的事情，也可以是腦中浮現的過往記憶。對其中一人發私訊或電郵，告訴他：「我想起你，也想起你以前為我做的事情。我想說，我很感謝你。」每個人都很喜歡收到這種訊息。對另一個人表達公開的感謝，例如在LinkedIn或Twitter之類的平台、線上社群或公司內部網路上@他的帳號。

用接下來的十分鐘思考你想提供什麼，以及如何提供。接著，就發送那兩條訊息。

	名字	訊息
私訊		
公開訊息		

一分鐘習題

想想上次有人感謝你的情境，你感覺如何？你認為對方表達感謝時是什麼感覺？

寫下你的感覺：________________________________

____

____

____

____

____

____

____

五分鐘習題

另一個表達關注與感謝的簡單方法，是在別人的部落格、臉書或Linked的發文下方留言，以下是一個例子。在這一章中，我提到伯肯的部落格文章。我常喜歡那篇文章，並上推特與社交圈分享，就像你在本章的練習中表達謝意一樣。寫那則推文很簡單，不久一個朋友就轉推了那則推文。

但我想要做得更多，所以我決定到他的部落格留言。留言的時間比寫推文長，也許花了三、四分鐘吧，但感覺比較像私人交流，所以付出額外的時間是值得的。令我驚訝的是，伯肯當天就回應了。

現在，瀏覽一下你的LinkedIn動態消息，或你關注的部落格、社群網站，然後留言。

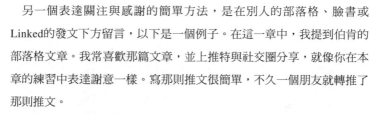

第三週｜邁出三小步

➲ 參閱《WOL大聲工作法》P.167

本週重點

- 發展自己與事業的最大障礙之一是忙碌。把時間視為寶貴的資源，切記，**優先支付自己**。想辦法淘汰最低價值的活動，把時間投入在長期對你有效益的事情上。
- 加快拓展人脈的一種方法，是尋找目標相關者已經聚集的地方，例如線上社群。那是為你的人脈清單發現更多人的方式，同時也可以放大你貢獻的效果。
- WOL的核心是人際間的訊息交流，以建立歸屬感與認同的社交關係。這些訊號（或稱歸屬線索），傳達著「我看到你了」、「我在乎你」、「我們休戚與共」等訊號。我們交流這些訊號時，會感到安心及獲得接納。不這樣做時，會感到不安，日益焦慮。

練習

1. 優先支付自己（五分鐘）

現在，看看你的行事曆，在下個月安排一些跟你的目標有關的活動，藉此「先支付自己」。例如做這本書的練習，或回顧你那份人脈清單上的人有什麼活動。你可以每週騰出一小時，或安排幾個較短的個人時間。即使是騰出幾個十五分鐘的空檔享用咖啡，也能帶來有意義的改變。在未來的四週中，至少騰出四個空檔給自己，現在就更新你的行事曆吧！

2. 利用現有的圈子（十五分鐘）

從企業內部網路或網路上搜尋資訊，找出至少五個與你的目標相關的線上小組或社群。

1. ______________________________

2. ______________________________

3. ______________________________

4. ______________________________

5. ______________________________

如果你不知如何是好，可以加入下面這兩個WOL社群並探索：

- 臉書：facebook.com/groups/workingoutloud
- Linkedin：linkedin.com/groups/4937010

那裡有誰？他們在討論什麼？只要你關注他們——哪怕只是寫一句簡單的「你好，我正在讀《Working Out Loud》，我有興趣了解更多資訊。」——也會引起世界各地成員的迴響。

第四週｜如何接近他人

➲ 參閱《WOL大聲工作法》P.182

本週重點

- 你的人脈網中，有些人際關係會比其他的關係更親近、更有意義。對方是否接納你的貢獻，取決於你與他的熟悉度以及你如何贈送禮物，無論你是當面贈送，還是透過電郵或推特。
- 你接近某人時，發揮同理心及留意自己的意圖是最重要的事。「如果我是對方，我會有什麼反應？為什麼他要在乎這些呢？為什麼我要這樣做？」
- 當你在分享自己覺得實用或有趣的資源時，記得在訊息中包含欣賞、脈絡與價值。這樣做可以幫對方理解你為什麼要寄那個東西，以及為什麼你會特別想到他。這讓他更容易接納你的贈禮。
- 自我懷疑會讓你覺得什麼都不做最安全，但你會因此錯過了與他人交流的機會，而他人也錯過你原本可以貢獻的東西。
- 即使有人不喜歡你分享的東西，如果你是從私人的角度以真誠的方式分享，他們也會欣賞你的體貼與關注。

1. 親近程度（三分鐘）

你對某人做出貢獻時，要注意人脈圈中的人際關係深淺差異。例如：你發給朋友求助的郵件，應該與發給陌生人的請求不同。然而，這雖然是顯而易見的道理，大家卻經常犯錯。我們接近信賴的朋友或同事的方式，可能讓對方覺得不近人情。我們初次接觸陌生人的方式，可能讓對方覺得是一種冒犯、不友善。

為了幫你注意親近度的差異，以下是一到五級的簡單分級：

1.那個人根本不知道你的存在。

2.你們以某種方式相連（例如：你在網上關注他）。

3.你們有過一次或多次互動。

4.你們合作過，即使是很小的合作。

5.你們經常互動，交流想法，互相幫助。

在這個快速練習中，瀏覽你在第一週所列的：「你的第一份人脈清單」，寫下你和每個人的親近度。這麼做時，切記，你的目標不是和每個人都達到第五級的親近度。你只是想以適合對方信任度與親近度的貢獻，來加深其中一些關係。

（姓名／親近度分級）

1. ______________________________
2. ______________________________
3. ______________________________
4. ______________________________
5. ______________________________
6. ______________________________
7. ______________________________
8. ______________________________
9. ______________________________
10. ______________________________
11. ______________________________
12. ______________________________
13. ______________________________
14. ______________________________
15. ______________________________
16. ______________________________
17. ______________________________
18. ______________________________
19. ______________________________
20. ______________________________

2. 收件匣同理心遊戲（十分鐘）

看看下面幾個實例。如果你收到這些資訊，你會有什麼感覺？每則訊息中，缺了什麼同理心？

實際的電郵文字	缺乏同理心之處
「我想請你吃飯，聽聽你的意見。未來兩週，你哪天有空？」	
「你有時間聊聊或見面嗎？如果可以見面談二十分鐘，我會很感激。」	
「請讓我知道你何時有空，因為接下來幾天我有時間。」	

看看你自己的收件匣吧。尋找那些惹惱你或缺乏同理心的信件或句子，然後寫下你挑出它們的原因。試著舉出五個例子。這些例子在接下來的練習中也用得上。

例子	缺乏同理心之處

3. 獲得他人的關注（十分鐘）

上一個練習的目的，不是為了批評別人，而是為了幫你了解什麼是無效溝通，並思考如何改進。現在你可以把心得運用在這裡。

試著分享你覺得有趣或實用的資源。訊息不需要很長，但要真誠，發自內心。你的訊息應包含以下三個元素：

1.欣賞：顯示你注意到收件人了。

2.脈絡：說明你為什麼想到他，尤其他和你分享的東西有什麼關係。

3.價值：描述那對收件人的潛在效益。

比方說，我發現一些自己認為非常實用的內容，我想到某人可能也會覺得那很實用。我寫訊息時，會先設身處地為對方著想，預料對方可能心想：「這傢伙是誰啊？為什麼他要寄這個給我？我該怎麼處理這個東西呢？」

選擇一篇文章、一本書，一支影片、一段TED演講，或你想分享的其他資源，將主題或連結寫在這裡：

____

____

____

接著，自問：「這可能對誰有助益？」試著列出三個人：

1. ______________ 2. ______________ 3. ______________

最後一步是利用你喜歡的平台──電郵、簡訊、推特、臉書或LinkedIn──與你列出的三個人中的至少一人分享你挑的資源。你與對方的關係愈不親密，挑選的管道要愈沒有侵入性。例如：在推特或企業內部網路中@對方，既不算干擾，也不算負擔，但是直接傳簡訊給對方就有可能既是干擾，也是負擔（電子郵件則是介於兩者之間）。

一分鐘習題

想一下你最近收到哪則訊息讓你覺得你與寄件者的關係更緊密了。那則訊息有哪些特質讓你產生這種感覺？試著找出你如何運用類似的元素，讓別人感覺與你更親近，使你的訊息顯得更有人情味、更吸引人。

五分鐘習題

下面是另一個同理心練習：想像一下，你收到一個LinkedIn的連結請求，對方是以LinkedIn提供的制式措辭來發送訊息：「我想加入你的LinkedIn網路。」

你會有什麼感覺？如果你跟我一樣，你可能會想：「天哪，他連花三十秒的時間，寫一段個人化的訊息都不肯！」在LinkedIn上提出建立連結的請求，是一個練習同理心的機會。現在，從你的人脈圈中挑一個已經有互動的人，向他發送個人化的請求。

有些人可能覺得LinkedIn讓人比較難發出個人化的請求，尤其是從手機發送。你可以上網搜尋教學指南，或是向朋友求助。或者，你之前忘了發送個人化的請求，現在你可以發電郵去解釋為什麼你想建立連結。你的個人化訊息會在對方收到的電腦制式請求中脫穎而出，所以值得花時間把它寫好。（編注：相同邏輯也可運用在臉書或其他線上社群，做同樣的練習。）

第五週｜以貢獻來深化人脈關係

➲ 參閱《WOL大聲工作法》P.197

本週重點

- 你能提供的東西遠比你想像的還多，包括關於你的許多經歷。那些經歷可以是你與他人的共同經驗及建立連結的基礎。
- 關連感會影響我們對待彼此的方式。
- 產生影響力的通常不是單一貢獻，而是長時間下來的連串貢獻，那會產生一種累積效應，加深你與人脈圈中某些人的信任與關連感。

練習

1.能提供的東西太多了！（十五分鐘）

現在拿出一張紙，列出你自己的清單，試著列出五十件關於你的經歷。然後思考你的生活中可能對他人有助益的經驗。

一分鐘習題

人脈清單上的一些人可能已經與我們失聯了。時間愈久，我們可能覺得關係愈難挽回。現在你就可以改正這個問題。從人脈清單上挑一個你一直想聯繫、一起吃個飯的人。你可以把訊息寫得更有人情味一點：「我常想到你，也懷念以前的相處，有機會一起吃個飯嗎？」你先看自己的行事曆有哪些空檔，主動提議三個日期作為選項。

你想聯繫的人是：＿＿＿＿＿＿＿＿＿＿

想給對方的訊息：＿＿＿＿＿＿＿＿＿＿＿＿＿＿＿＿＿＿

＿＿＿＿＿＿＿＿＿＿＿＿＿＿＿＿＿＿＿＿＿＿＿＿＿＿＿

＿＿＿＿＿＿＿＿＿＿＿＿＿＿＿＿＿＿＿＿＿＿＿＿＿＿＿

五分鐘習題

這種事很常見，所以多數人從未想過。寄給我的電郵中，有高達九成的人犯這種錯誤。究竟是什麼錯誤呢？在電子郵件的最後，不寫個人化的結尾。

訊息的結尾是一種訊號。如果你使用自動或非人性化的結束語，等於是告訴收件人，對方不值得你花幾秒鐘的時間特地為他寫點東西。你可以把結尾視為一種同理心的練習，心想「如果我收到這封信，我有什麼感覺？」結尾不需要太長或太親近，當然也不能不真誠。你只需要添加一些與訊息上下文有關的個人用語，例如：

「再次感謝您的來信。我很感激。」

「週末愉快，來自紐約的祝福！」

「期待週四的通話，每次通話都很開心。」

記得展現差異。這個世界充斥著非個人化的交流。當你添加一點人情味時，就能脫穎而出。下次寫電郵時，別忘了以個人化的訊息作結。

第六週：更大的目的

➲ 參閱《WOL大聲工作法》P.213

本週重點

- 命運不是降臨在你身上，而是你自己創造出來的。
- 當你想像未來的自己及可能的實現路徑時，就增加了實現未來的機會，尤其當你與未來建立情感連結的時候。
- 你最近一次花三十鐘用心地思考未來是什麼時候？不要像我一樣等了十年，現在就試試。有時你只需要為自己騰出一些安靜的時間，或者，你也可以找朋友一起寫信。

練習

1. 未來的你寫給自己的信（三十分鐘）

你未來信是什麼樣子？選一個未來幾個月或幾年的日期（未來一到三年是不錯的範圍），想像你朝著目標所做的努力已經如願以償。或者，藉這個練習作為思考更長遠抱負的機會，然後寫信給現在的你，述說未來發生的事情。

你的信可能會提到以下的問題：

- 過程中發生了什麼？
- 進步的關鍵是什麼？
- 你通常怎麼處理事情？
- 這次你的做法與之前有什麼不同？
- 你是如何克服挫折的？
- 你何時意識到自己會成功？
- 未來的你對於自己的成就與夢想的實現有什麼感覺？
- 如果你沒有努力，未來的你會有什麼感覺？

選擇適合你的格式或摘要形式。有些人可能比較喜歡使用未來的圖像，而不是寫出來。如果是這樣的話，你可以試試夢想板（vision board）：從雜誌或其他媒體收集一些照片，用那些照片來描繪未來的自己與未來的生活，做成照片的集錦。無論你選擇何種形式或媒介，切記《自我指導》的建議：「為了讓這封信顯得真實、發揮效用，你需要投入情感。」

你最近花三十分鐘用心思考未來是什麼時候？現在就試試看，或是跟自己約個時間，好好地思考及書寫。

一分鐘習題

登入你的LinkedIn個人檔案，添加一個短句以說明你的目標。例如：我完成這本書的初稿後，我在個人檔案中加上「WOL的作者」。

如果你的目標是在工作中發展一項新技能或新專案，就把它寫下來（例：對物聯網如何改善我們的工作感興趣）。或者你正在尋找轉職的機會，或是在探索一個新課題（例：希望有一天能在巴西工作、希望幫年輕的女性發展理工職涯）。讓人們看你的個人檔案時，會看到更多真實的你。這個簡單的步驟可以增加你實現目標的機會。

內容盡量精簡。你可以盡情嘗試不同的東西，直到你想出覺得自在的內容。接著，也對你的推特或其他線上社群檔案做同樣的修改。

寫下你想添加進個人檔案的目標短句：______________________

____

____

五分鐘習題

對我來說，完美的月份不是坐在沖繩的沙灘上，而是一種既能謀生又能平衡生活的方式。於是，我拿出一張紙，寫下屬於完美月份的每一天，開始想像我每天要做什麼。

我開始列出事情以前，已經想過我要做哪些事情，但是把那些事情填到一個月的特定日期中，使它們顯得更真實，也促使我自問更多的問題。沒錯，我喜歡旅行、寫作、做研究等等，但有多喜歡呢？一個月一天夠嗎？五天夠嗎？十天夠嗎？我開始想像每個日子與每星期，那會是什麼感覺。它讓我看到一個更平衡、更有創意、更充實的組合是什麼樣子。那是幾年前的事了，最近我碰巧又看到那張紙，並驚訝地發現那張紙幾乎就是我上個月及上上個月的翻版。

當你反思你的職涯與生活時，你的目標和你的完美月份是什麼樣子？

我的完美月份

Day 1：＿＿＿＿＿＿＿＿＿＿

Day 2：＿＿＿＿＿＿＿＿＿＿

Day 3：＿＿＿＿＿＿＿＿＿＿

Day 4：＿＿＿＿＿＿＿＿＿＿

Day 5：＿＿＿＿＿＿＿＿＿＿

Day 6：＿＿＿＿＿＿＿＿＿＿

Day 7：＿＿＿＿＿＿＿＿＿＿

Day 8：＿＿＿＿＿＿＿＿＿＿

Day 9：＿＿＿＿＿＿＿＿＿＿

Day10：＿＿＿＿＿＿＿＿＿＿

Day11：＿＿＿＿＿＿＿＿＿＿

Day12：＿＿＿＿＿＿＿＿＿＿

Day13：＿＿＿＿＿＿＿＿＿＿

Day14：＿＿＿＿＿＿＿＿＿＿

Day15：＿＿＿＿＿＿＿＿＿＿

Day16：＿＿＿＿＿＿＿＿＿＿

Day17：＿＿＿＿＿＿＿＿＿＿

Day18：＿＿＿＿＿＿＿＿＿＿

Day19：＿＿＿＿＿＿＿＿＿＿

Day20：＿＿＿＿＿＿＿＿＿＿

Day21：＿＿＿＿＿＿＿＿＿＿

Day22：＿＿＿＿＿＿＿＿＿＿

Day23：＿＿＿＿＿＿＿＿＿＿

Day24：＿＿＿＿＿＿＿＿＿＿

Day25：＿＿＿＿＿＿＿＿＿＿

Day26：＿＿＿＿＿＿＿＿＿＿

Day27：＿＿＿＿＿＿＿＿＿＿

Day28：＿＿＿＿＿＿＿＿＿＿

Day29：＿＿＿＿＿＿＿＿＿＿

Day30：＿＿＿＿＿＿＿＿＿＿

Day31：＿＿＿＿＿＿＿＿＿＿

第七週｜啟動美好大事

➔ 參閱《WOL大聲工作法》P.229

本週重點

- 如果你隱於無形，機會更難找到你。一個安全的起點是從你的線上個人檔案開始著手，那可以讓你對自己的線上形象有些許的掌控權。
- 當你不確定自己能提供什麼時，切記餐桌大學：「你今天學到什麼？」分享十大清單之類的簡單事情，也可以為你及人脈圈帶來顯著的效益。
- 好奇心與大方分享之間、搜尋與發表之間的交互作用，會擴展你的潛力範圍。它可以提高你的效能，讓你接觸到更多機會。
- 美好大事也是從一小步開始的。如果你現在太忙，無法優先支付自己，什麼時候才會改變呢？你在等什麼？

練習

1.更新你的主要線上檔案（十五分鐘）

從網路上個人檔案著手是一個安全的地方。對許多人來說，這可能是指LinkedIn或公司內部網路上的個人資料。

我認識的人幾乎每一個都不喜歡網路上的個人檔案，但很少人花時間去改善它。這個練習正好是你改善個人檔案的機會。目標不是打造出完美的個人檔案，而是朝著「打造一個更好的檔案」邁進。你現在做的任何改進都是不錯的投資，可以當成基礎持續發展。好的個人檔案包括三個基本要素：

- 一張微笑看著相機的相片
- 標題（你的簡短描述）
- 幾句話構成的摘要

現在就更新你的個人檔案。無論是添加上述的元素，還是改進已有的元素，至少要做一次更改。更新檔案後，就展示給朋友看，請他給一些意見。

2.你的「十大清單」（十五分鐘）

現在就試試看。想一下你的「十大」主題是什麼，然後把標題寫在這裡。它可以很簡單，例如：十大好書、十篇好文、十場演講，或其他與你的目標有關的學習資源。

接著，回憶或上網搜尋東西以納入清單。一定要為每一項增添一兩句說明，以說明你為什麼覺得它有用或有趣，或它對別人有什麼好處。

我的「十大」主題及理由：

3.餐桌大學（五分鐘）

常有人問你：「你學到什麼？」你的答案或許與目標或最近的專案有關，或與你參加的活動有關。做這個練習時，回答請盡量簡潔，兩三句就好。

現在就寫下答案，並貼上LinkedIn、推特等線上社群、或公司的內部網路。

一分鐘習題

在本章的三個練習中——更新你的個人檔案、建立十大清單、分享學到的東西——哪一個最具挑戰性？為什麼？如果你沒做練習，是因為你不相信做練習有助益，還是因為你還沒養成做練習的習慣？

五分鐘習題

還記得施拉德哈提出的一個簡單問題幫她與世界各地的專家建立連結嗎？就像丟一顆鵝卵石進池塘一樣，做出與目標有關的貢獻，有時可以讓你接觸到貴人及寶貴的資源。

現在你可以去線上社群，或LinkedIn或推特上發問，看會發生什麼事情。記得對你收到的任何回應都要表示感謝。

第八週｜嘗試與改進

➲ 參閱《WOL大聲工作法》P.246

本週重點

- 幾乎任何與你做的事情、方法、源由有關的事情，都對那些擁有相關目標或相同興趣的人有助益。
- 絕大多數展現工作的人都太快放棄了。
- 一開始毫無觀眾，沒什麼好擔心的，那反而沒什麼壓力。你可以自由地探索、實驗、犯錯、享受樂趣。每次分享——每次都像新創企業——你都是在探索如何提高作品的能見度，並持續養成這樣做的習慣。
- 養成成長心態比較容易展現工作。把焦點放在學習與精進自我上，而不是固定的結果上，這樣更有可能持續嘗試與進步。
- 定期展現工作成果有助於掌握命運自主感。那可以讓你變得更有成效、更有自信，更有可能採取更大膽的行動。

練習

1. 你害怕什麼？（五分鐘）。

想一想你想創作什麼：部落格、影片或網站。現在，列出你對實際創作並公開讓大家看見有哪些恐懼。試著至少列出十種恐懼或負面結果。

接著，在列出的每一項恐懼旁邊，寫下這種恐懼確實發生的可能性有多大。比較那些恐懼發生的機率，以及你進行自我投資及培養實用技能時可獲得的效益。

1. ____________________ ____________________
2. ____________________ ____________________
3. ____________________ ____________________
4. ____________________ ____________________
5. ____________________ ____________________
6. ____________________ ____________________
7. ____________________ ____________________

8. ____________________ ____________________

9. ____________________ ____________________

10. ____________________ ____________________

2. 你的第一個主題清單（十五分鐘）

很多創作者習慣隨身帶著點子清單，這樣一來，無論何時靈感乍現，都可以馬上記下來，以後坐下來創作時就可以使用。現在你的機會來了。無論是小筆記本或手機上的app，列出你想創作的主題清單。看看你能不能為下面每一項想出你可以分享的東西。

1. 分享你的研究：____________________
2. 分享你的點子：____________________
3. 分享你的專案：____________________
4. 分享你的流程或方法：____________________
5. 分享你的動機：____________________
6. 分享你的挑戰：____________________
7. 分享你學習心得：____________________
8. 分享你欣賞對象的作品：____________________
9. 分享你的人際關係：____________________
10. 分享你人脈網的內容：____________________

一分鐘習題

上網尋找「Alycia Zimmerman teacher」（齊默曼老師），看看前面幾個搜尋結果。接著搜尋你認識的另一位老師，然後比較這兩種結果。想像這兩個老師申請同一份工作。

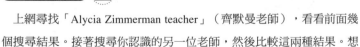

五分鐘習題

回顧本章的主題清單練習，你在清單中列出分享研究、專案等等的想法。選擇一個特定的主題，把它想成你要分享的文章草稿。

短短幾分鐘的時間，就可以幫你調整注意力，讓你對自己分享的內容與方法產生新的點子。每次練習，都會幫你減少可能的阻力，並強化公開展現工作的習慣。

寫下你想分享的一個主題及想法：

第九週｜事與願違時

➲ 參閱《WOL大聲工作法》P.264

本週重點

- 事情發展不如預期是無可避免的。重點在於，每次不如預期時，你是陷入沮喪，還是從中記取教訓。
- 能創作出好作品的人，通常是依循同樣的途徑：他們的初期創作不太好，但多年來持續精進技藝，逐漸學會做得更好。
- 精進自己的一個好方法，是提出以下問題以尋求意見回饋：「有哪個地方我可以做得更好的？」這可以讓對方覺得他們是給你好心的建議，而不是在批評你。
- 另一種精進自己的方法是求助：尋求建議、資訊、介紹、推薦信等等。就像其他的互動一樣，關鍵是同理心與大方分享。**對方會如何看待你的請求？有沒有辦法把請求塑造成一種貢獻？**
- 你不見得會得到正面的回應，這是意料中的事。為了幫你維持正向觀點，請記得下面這些高汀、葛拉爾、萬提斯的名言：
  - ◇認為你創造了一件非常特別的東西，各地的每個人都應該接受它，那樣想未免也太自大了。
  - ◇「我不喜歡你的作品」並不表示我不喜歡你。兩者的區別很重要。
  - ◇當你得不到對方的善意回應時，深呼吸以後，就繼續前進。繼續尋找幫助他人的方法，永遠往好處想，相信別人沒有惡意。
  - ◇就算你是顆豐滿多汁的水蜜桃，世上還是有討厭水蜜桃的人。

練習

1.「有什麼是我可以做得更好的嗎？」（五分鐘）

想想你在工作中想要培養的一項技能或行為（例如：主持會議、寫作、簡報），然後找一個你必須那樣做的機會。現在，在你的行事曆上，在那次機會的旁邊做個註記，提醒自己問與會者：「有哪個地方我可以做得更好？」

2. 扮演兩百四十公分高的新娘（十五分鐘）

回顧你在第一週所列的：「你的第一份人脈清單」，從中找一個可以幫助你的人，練習把你的請求（你需要的建議、資訊、介紹等）塑造成一種貢獻，避免使用「我想」、「我需要」、「我想要」之類的字眼，然後發訊息給他。

寫下你的請求：______________________________

____

____

____

____

____

____

一分鐘習題

回想一下你現在擅長的事情，你是如何在這方面達到精通的境界？什麼因素幫你堅持下去？如何把那些經驗套用在你當前的目標上？

你的回答：______________________________

____

____

____

____

____

____

____

____

五分鐘習題

想像你的孩子或認識的其他孩子正試著學習新東西，例如：騎單車或彈鋼琴。你會對他們說什麼？幾乎可以肯定的是，他們剛開始起步時，你不會期望他們很傑出。你會鼓勵他們，找理由慶祝及肯定他們的進步，溫和地傳授他們改進的方法。

現在想想，你養成新習慣時，對自己說什麼。你對自己也那麼溫和及支持嗎？如果不是，為什麼不那樣做呢？

寫下對自己說的話：____

____

____

____

____

____

____

____

____

____

____

____

____

____

____

____

____

____

第十週｜養成習慣

➲ 參閱《WOL大聲工作法》P.281

本週重點

- 養成新習慣需要下功夫，但習慣一旦養成，就不太需要費心執行了。懶惰是一種根深柢固的天性。
- 當你努力卻看不見進展時，查一下習慣清單，找出你可以調整的地方：
  1. 設立可實現的目標。
  2. 觸摸跑步機。
  3. 記錄進步。
  4. 打造環境。
  5. 預期挫折。
  6. 正面體驗。
  7. 找個朋友。
  8. 想像一下想要的生活。

練習

1. 大小適中的目標測試（五分鐘）

花點時間客觀地檢討你的目標，不要眷戀或預設立場。你選的目標還能激發你的興趣或好奇心嗎？你有進步嗎？確定它仍是你想追求的東西，而且不會太大，也不會太小。

如果你的目標無法激勵你，就考慮換一個可以激勵你的目標。如果你沒有獲得穩定、經常的進展，可以考慮選擇一個更簡單的目標，或採取一些過渡性的小步驟來實現目標。在培養新習慣時，規律的練習與意見回饋比你永遠達不到的目標更重要。

寫下對所設目標的想法：________________________

____

____

2.「現在就做」（五分鐘）

想一個你現在就能採取的小行動，然後去做。或許是給你人脈清單上的某個人再發一封電郵以延續之前的聯繫，或是趕緊關注或感謝你一直想要關注或感謝卻遲遲未行動的對象。注意你採取行動後的感覺，並好好體會那種感覺。

3. 製作進度表（十分鐘）

你的進度表可以像月曆一樣簡單，每天有一個空間寫下一、兩個與你的目標有關的指標。假設你的目標是「擴大人力資源領域的人脈」，你的紀錄表可能包括：

你搜尋、閱讀、觀看人脈網中的東西了嗎？（有／沒有）

你為目標投入心力了嗎？（有／沒有）

你做了多少貢獻？

你花多少時間在與目標有關的活動上？

決定你想在進度表上追蹤什麼並寫下來。

進度表的標題：＿＿＿＿＿＿＿＿＿＿＿＿＿＿＿＿＿＿＿＿＿＿

＿＿＿＿＿＿＿＿＿＿＿＿＿＿＿＿＿＿＿＿＿＿＿＿＿＿＿＿＿＿

現在，用空白的月曆或白紙，設計一張實體表格，並決定你要把那張進度表放在哪裡。如果你想要參考我用過的不同表格，請上workingoutloud.com/resources並點擊「第八週：養成習慣」（https://workingoutloud.com/resources-for-week-8-make-it-a-habit）。我的表格因追蹤的內容及格式不同而有顯著的差異，但它們都幫我以更少的壓力累積更多的進步。

4. 線索與觸發（十分鐘）

從這些調整中挑選一個：安排一項活動，建立一種儀式，設置一種視覺輔助。或者，你也可以自己創造一種方式，現在就做。

5. 早早體驗失敗，記取教訓，持續前進（五分鐘）

反思最近的挫敗經驗，那可能是徹底的錯誤，也可能是你沒去做你想做的事情。在腦海中反覆回想那個情境，並注意你當下的想法與感受。那些想法與感受對你有好處嗎？它們能幫你進步嗎？

現在仔細檢討失敗，積極尋找你可以從失敗中吸取的經驗，以幫助你做得更好。接著，寫下你學到什麼，以及下次該做的調整。

最近遇到的挫折及感受：____________________

____

____

____

從挫折中學習到什麼：____________________

____

____

____

6. 什麼因素使今天如此美好？（五分鐘）

幫自己克服消極偏見及促進正面行動的一種方法，是寫感恩日誌。每天早上我醒來的第一件事，就是回想什麼原因讓昨天過得如此美好，以及哪三件事可以讓今天過得美好，然後把它寫在日誌裡。這樣做，每天只需要花三到五分鐘，而且效果很好，所以我從來沒忘了做。這種做法使我的觀點從過度消極變得更為平衡，也讓我更快樂。

為自己準備一本可隨身攜帶或放在床頭櫃上的日誌。每天，積極思考那一天的意圖，也思考值得感恩與慶祝的原因。如此進行一兩週後，看看能不能發現讓你一天過得美好的模式。

7. 你的個人支援網絡（十分鐘）

WOL圈是一種個人支援網絡，你可以在workingoutloud.com上建立一個。例如：印度有一個WOL的簡介是「盡情無畏地分享經驗、夢想與願望」。有人說：「我很快就發現那個圈子是我的『安全空間』。」那種心理安全感使他們能夠分享在其他地方難以分享的東西，而且他們知道有人傾聽他們分享的內容。更棒的是，週復一週，他們採取行動幫自己進步，也培養了信心。WOL圈不僅提供支持，也賦予他們力量。

如果你還沒準備好加入WOL圈，你可以找一個朋友做簡單的分享練習。每週一開始，你們可以寄電子郵件告訴彼此，你打算做什麼以及上一週發生了什麼。不做評斷或競爭，只有鼓勵及偶爾給一點建議。你可以用簡短的通話（十五到三十分鐘）來補充電子郵件的不足，在電話上談談你的目標與學習心得，並在能力所及之處提供對方幫助。

8. 成功是什麼樣子？（五分鐘）

回顧你在第六週寫的信。挑一張圖片或其他可用來提醒你那封信的東西，把它放在你經常看到的地方。你可以把照片貼在浴室鏡子的旁邊，或把那封信貼在冰箱門上。把它想成一種潛意識的提醒，提醒你想創造的未來是什麼樣子。

一分鐘習題

想一個你很慶幸自己已經養成的習慣，你是如何養成的？習慣清單中的哪幾項發揮了效用？還有其他的方法對你有幫助嗎？

你的回答：________________

五分鐘習題

想一個你希望養成的習慣，習慣清單上的哪幾項可能對你有幫助？挑其中一項，並幫自己訂一個做相關練習的時間。

你的回答：________________

第十一週｜想像可能性

參閱《WOL大聲工作法》P.301

本週重點

- 領導力不是授予你的頭銜，而是你透過貢獻逐漸掙來的。誠如克魯斯所寫的，領導力是「一個影響社會的過程，那可以盡量促進他人的努力，以實現一個目標」。
- 目前為止，WOL主要是談你自己以及你的個人貢獻與人際關係，但你的目標也可以是你與你的人脈網可以共同完成的事情。
- 許多運動是從很小的第一步開始（就像擺檸檬水攤那麼簡單），那一步促成了後面的其他步驟，並逐漸吸引到一群關心那個運動理念的人。
- 你的檸檬水攤可以是簡單的部落格（像安瑪麗那樣），或是午餐學習會，或任何公開展現理念及鼓勵他人貢獻的小活動。
- 安瑪麗打造及領導了一場運動，從而幫助四萬多名年輕女性，這就是一種「有意義的探索」。每一小步都帶來新的學習與連結，增加更多的可能性。她的故事包含了WOL的五大要素，也顯示落實那五大要素將會帶來達成目標及實現自我的機會。
- 號召一場運動很罕見，但培養WOL的技能與習慣，可以讓你在想要號召運動時，已經做好了準備。

練習

1. 你的檸檬水攤位是什麼？（十分鐘）

花幾分鐘想一個你關心的議題，那可以跟你當前的目標有關，也可以跟你希望在世界上發揮的影響力有關。別在意那是宏偉的目標、還是小小的正面改變。運動有各種形式與大小，它們都需要有人透過貢獻來領導。寫下你的選擇。

如果我要領導一場運動，那場運動的目標是：____________________

____

____

____

____

對你與你的人脈網來說，你的檸檬水攤相當於什麼？也許，你在公司的內部網路建立一個線上小組，那個小組與你剛剛寫下的任務有關。或者，你在公司組織一個「午餐學習會」，邀請內部專家來演講。或者，你寫一篇跟你的目標有關的「十大」文章，發表在部落格上。沒有必要舉辦大型活動或任何花大錢的活動。只要做一個小實驗就行了──這是讓大家看見你的想法，把大家連向那個想法，也讓大家彼此相連的簡單方法。

現在就寫下一些想法：

____

____

____

____

____

2. 你認識最好的領導者是誰？（五分鐘）

什麼運動能激勵你？想想你所屬的團體或社群，想想那些透過貢獻來領導運動的人，他們是怎麼吸引大家參與的。那個團體吸引你的地方是什麼？那裡發生了什麼事？你加入那個團體完全是因為那個領導者嗎？還是因為其他人也參與互動？至少寫下三個你喜歡的運動，以及你為什麼喜歡它們。

寫下至少三個喜歡的運動以及理由：________________

____

____

____

____

____

3. 透過連結與接納他人來領導（五分鐘）

領導力包括讓別人更容易跟隨你的腳步，做出自己的貢獻。想一想誰曾經對你的工作表示讚賞，並發一封個人化的推文、電郵，或LinkedIn訊息向他道謝。例如類似下面的短短幾句就夠了：

感謝你的意見與支持，我很感激，你激勵我繼續進步。

一分鐘習題

在LinkedIn與推特上搜尋#wol和#workingoutloud的標籤。你發現了什麼？大家在談論什麼？只有一個聲音在談論，還是有很多聲音？他們都在談論自己嗎？還是他們之間有互動？

五分鐘習題

想想你自己的檸檬水攤，以及你可能想號召的運動。想像一下，如果你像安瑪麗那樣，起初的一小步促成美好大事，那會是什麼樣子？那是什麼感覺？好好想像一下你會如何貢獻，如何與人連結，如何發揮影響力。試著放下一切恐懼與懷疑。設一個計時器，讓自己充分運用這五分鐘好好想像一番。

寫下自己對所號召運動的想像：

第十二週｜改變企業文化

參閱《WOL大聲工作法》P.326

本週重點

- 在你的公司內部領導一場WOL運動，以體會你與你的人脈圈可以一起達成什麼。
- WOL在一個組織中的傳播，通常是從毫無預算或許可的基層運動開始的。只有幾個早期的WOL圈幫忙測試概念。
- WOL可能是多數組織變革計畫欠缺的一環，它可以幫員工體驗更好的工作方式，並**感受**改變對他們與公司的好處。
- 任何人都可以啟動一場運動，何不由你開始呢？

練習

一分鐘習題

你相信任何人都可以領導一場運動來激發有意義的改變嗎？還是你覺得改變只能從「高層」開始？

無論你選擇哪一個答案，你的答案給你什麼感覺呢？

你的回答：＿＿＿＿＿＿＿＿＿＿＿＿＿＿＿＿＿＿＿＿

五分鐘習題

在公司的內部網路上開設一個WOL群組。在這裡，你可以連到WOL指南，或WOL的相關文章與影片，並分享組織內外人員的經驗。如果這種小組已經存在，請用五分鐘的時間寫下你的WOL經驗。你可以寫你對這本書的想法，或你有興趣自己開創一個WOL圈，或詢問其他人是否對這個主題感興趣。

如果你的公司沒有內部網路，你可以加入臉書與LinkedIn的WOL群組，並在那裡發布一些東西。

看你是否會得到回應，或吸引第二個舞者來呼應你的運動。